超過千萬人次的
點閱推薦

新手也能
醬料變佳餚90道

小小米桶的寫食廚房

出版\菊

CONTENTS

食材小百科

掌握美味、
快速料理的王道---
醬料

「吃」可說是人生的一大享受,不僅要吃的飽,還要吃的好、吃的巧。一道讓人讚不絕口的美味菜餚,除了要有嚴選的新鮮食材之外,更重要的是調味的醬料,因為醬料是決定好吃的關鍵點,更是整道菜餚的靈魂。搭配恰到好處的醬料,不但能增加菜餚的外觀色澤,還能引出食物更好的滋味。

大家是否都有相同的經驗?在家下廚烹調的菜餚與餐館吃到的比起來,總是覺得少了那麼一味?三杯雞到底是少了酒、缺了糖,還是醬油放得不夠?為什麼咖哩不香濃?茶碗蒸味道不鮮美?或是簡單的乾拌麵嚐起來總是淡而不香?其實要做出一道美味的菜餚並不困難,只要掌握到菜餚的靈魂---醬料,在家也能輕鬆烹煮出好味道!

15種基本醬料,30分鐘內快速上桌!

現代人生活緊湊又忙碌,常常是下班後來不及做晚飯,又或者是對廚房經驗不多的新手來說,平時只要利用假日,將喜歡的各式調味料與配料烹煮成方便醬料,再用保鮮袋、玻璃罐分裝保存,日後需要用到時就能隨時取用。自製的方便醬料除了可以在最短的時間內快速料理,而且每一種醬料還可以應用於多種食材,變化出不同的菜餚。例如:奶油白醬可燴、可焗烤,學會了口味最正統的奶油白醬,要變身成---奶油培根義大利麵、和風奶油燉菜、奶汁玉米可樂餅…等,都可以自由依喜好變化。甚至家中臨時來了客人,只要利用冰箱現有的食材,再搭配自製的方便醬料,不需要花太多時間,就能料理出一桌子的菜囉!

現在只要照著本書學會自製方便醬料,就能簡單快速、輕輕鬆鬆一種醬料多種變化,即使是廚房新手也能作出好菜,擁有大師級的好味道!

最希望的是 ---
同心愛老爺一起環遊全世界
最喜歡的是 ---
窩在廚房裡進行美食大挑戰
最幸福的是 ---
看老爺呼嚕嚕的把飯菜吃光光

吳美玲 (小小米桶)

全職家庭主婦,業餘美食撰稿人,
跟著心愛丈夫(老爺) 愛相隨的世界各國跑。
原本只是個鑽研料理的家庭主婦,
將自己每天做的料理寫在部落格(小小米桶的寫食廚房),
卻意外發展出一片料理的天空。

自製方便醬的三種保存法

自製方便醬不只是方便，而且還能應用變化出不同的料理。
建議您不妨利用假日或是下班後晚上空閒時，花一次時間多做份量，再分裝成一次所需的用量，
並利用冷凍的方式延長保存期限。
平時只要上班出門前，將方便醬從冰箱冷凍庫移置冷藏區，
等到下班回到家，就可以快速做好晚飯囉

(一)用夾鍊式保鮮袋製成方便醬調理包冷凍保存

夾鍊式保鮮袋可以延長方便醬的保存期限，讓方便醬不走味，還能清楚分辨內容物，更優的是在保鮮袋的表面有塊反白區，可以清楚標示方便醬的名稱以及製作日期以避免存放過期喔

方法

製作完成的方便醬等完全冷卻之後，分小份量裝入夾鍊式的保鮮袋，並將袋內的空氣擠出，然後平舖於冰箱冷凍庫內冰凍保存

保存的小關鍵

盡量抽出袋內的空氣，使袋內可能呈現真空狀態，這樣子可以減少方便醬與空氣的接觸，以保持新鮮度。抽出袋內空氣的方法很簡單，只要將保鮮袋的夾鍊留下1公分寬度未密合，然後利用桌面垂直的角度，將袋內空氣完全擠出後，將夾鍊密合即可

(二)用製冰盒製成醬料塊後，再用保鮮袋冷凍保存

有時方變醬可能一次只需用到少許的份量，這時我們可以利用製冰盒將方便醬冰凍成醬料塊，需要用到時只要取出1小塊解凍即可

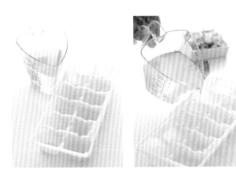

方法

製作完成的方便醬等完全冷卻，盛入製冰盒中冰凍成塊之後，再從製冰盒中取出裝入保鮮袋冷凍保存

保存的小關鍵

● 先用量匙測量出1大匙的份量後，盛入製冰盒中冰凍成塊，這樣子每次取用時可以快速又方便的依照比例用量入菜

● 有些醬料，如：咖哩醬，因為本身香料的原故，容易讓製冰盒染上咖哩的黃色，所以可以舖一層保鮮膜並服貼於製冰盒上再盛入醬料，這樣子就可以避免製冰盒染色，或是遺留下味道喔

(三)用玻璃瓶保存方便醬

照燒醬、泰式甜辣醬....等，含糖量較高的方便醬，因為經過一段時間的熬煮，讓醬裡頭的水份煮至蒸發，變得較不易腐壞，又或者是蔥油醬、油辣子醬....等，不含水份的油質醬，只要在取用時留意盛取的容器，比如：湯匙，是否保持乾燥與乾淨，就可以將製作完成的方便醬趁熱裝入殺菌過的玻璃瓶，以冷藏的方式保存喔

方法
將製作完成的方便醬趁熱放入玻璃瓶內，蓋上瓶蓋，等完全冷卻後放入冰箱冷藏即可

保存的小關鍵
盛裝醬料之前，玻璃瓶要事先經過消毒殺菌的處理，以避免方便醬受到污染，而得以使保存期限加以延長。消毒殺菌的方法很簡單，只要將玻璃瓶與瓶蓋放入滾水中煮約1~2分鐘，再取出自然風乾即可

本書的計量

量杯／量匙換算
1公升＝1000cc(ml)
1杯＝240cc(ml)＝16大匙
1大匙＝3小匙＝15cc(ml)
1小匙＝1茶匙＝5cc(ml)
1/2小匙＝2.5cc(ml)
1/4小匙＝1.25cc(ml)

公克／台斤換算
1公斤＝1000公克
1台斤＝16兩＝600公克
1兩＝37.5公克
1磅＝454公克＝12兩

※ 配方中所記述的準備及烹調時間是參考時間。
　 會因個人熟練度而略有不同。

肉燥醬

肉燥醬深受大家的喜愛，可說是我們的國民美食，可以拌飯、拌麵，或是做為燙菜的淋醬，只要學會滷出一鍋好吃的肉燥醬，在家也能變化出各式美味的麵攤小吃料理喔！

材料（成品總量約2500g）

帶皮五花絞肉 1200g
豬肥油丁 300g
紅蔥頭 150g
蒜末 2大匙

調味料

醬油 250ml
冰糖 1大匙
五香粉 1/4小匙
白胡椒粉 ....少許
水 1000ml

做法

1 將紅蔥頭剝去褐色外皮後橫向切片，備用。將豬肥油丁以中小火炸出豬油，並炸至豬油渣成金黃硬脆狀後，撈出並熄火

2 將做法1的紅蔥頭，分3～4次倒入做法1的熱豬油中，待溫度降下後，重新開爐火，以中火一邊攪拌一邊將紅蔥頭炸至微變金黃酥脆時，將紅蔥頭撈起，盛入平盤中攤涼，即為油蔥酥與蔥油，備用

3 另取一鍋加入2大匙做法2的蔥油，爆香蒜末至香味溢出，再加入五花絞肉炒至肉色變白

4 取一深鍋，倒入作法3的肉末，再加入所有調味料，以及先前炸好的油蔥酥，煮滾後轉小火燉煮1小時，即可

● 燉滷肉燥之前，可以先將白煮蛋泡入肉燥調味料中的醬油，使其均勻上色後，再一同放入鍋中滷煮，即成為滷蛋

小米桶的貼心建議

● 製作油蔥酥時，紅蔥頭要橫向切片，這樣香味才容易出來，並且入鍋炸至微變金黃酥脆時就要馬上撈起，以避免餘熱持續讓油蔥酥變焦黑產生苦味

● 可以在滷的同時加入1大匙的花生醬，以增加香氣與肉燥的濃稠度

肉燥醬的美味關鍵

● 要滷出好吃的肉燥醬關鍵一，醬汁要濃稠帶有膠質，所以要選用帶皮的豬肉，且最好是能夠以手工將肉切成細丁，或是較省力的方法是在購買肉時，請肉販將肉粗略絞碎即可，不需要將肉絞的過細

● 要滷出好吃的肉燥醬關鍵二，除了選購新鮮的肉之外，就在於如何炒出肉本身的香氣，當五花絞肉下鍋之後，不要急著用鍋鏟翻動，因為肉一下鍋，鍋溫會迅速下降，所以先讓鍋子集熱，把接觸鍋面的絞肉，煎到微焦並散發出肉香後才用鍋鏟翻面，等整鍋的肉差不多都變色時再將肉炒鬆，如此就能避免絞肉出水，還能將鮮味通通鎖在肉裡喔

保存方法

製作完成的肉燥醬等完全冷卻之後，分小份量裝入夾鍊式的保鮮袋，並將袋內的空氣擠出，然後平舖於冰箱冷凍庫內，可冰凍保存約1～2個月。若是 存放於冰箱冷藏區，則要盡快於1週內食用完畢

肉燥醬的應用

● 燙豆芽 --- 將豆芽與韭菜燙熟後拌入肉燥醬，即可

● 乾拌麵 --- 將麵條燙熟後加入蔥花與肉燥醬拌勻，即可

● 肉燥米粉 --- 將炒好的米粉淋上肉燥醬，即可

● 肉醬茄子 --- 將炸熟的茄子拌入肉燥醬，即可

肉燥醬

油辣子醬
麻婆肉醬
糖醋醬
宮保醬
三杯醬
油蔥醬
麻醬
咖哩醬
番茄肉醬
奶油白醬
萬用昆布汁
黑胡椒醬
泰式甜辣醬
照燒醬

8人份 　**準備 15分鐘**　**烹煮 10分鐘**　只需要醬瓜、香菇、肉燥醬就可以簡單又快速的煮出充滿古早味的香菇瓜仔肉醬，要是再加上一碗白飯，便是令人垂涎二尺香噴噴的瓜仔肉燥飯囉！

香菇
瓜仔肉飯

材料

肉燥醬 2杯
罐頭醬瓜 1小罐
乾香菇 5朵
清水(泡香菇水亦可) 250ml

配料

白飯 ....適量
滷蛋 ....適量
燙青江菜 ....適量

做法

1 將罐頭醬瓜瀝去醬汁，並放入溫開水中泡約5分鐘以洗去鹹味，再切成碎丁狀，備用

2 乾香菇洗淨用冷水泡發後，擠去水份切成碎丁狀，備用

3 將肉燥醬、醬瓜碎丁、香菇碎丁放入鍋中，加入清水(泡香菇水亦可)以大火煮滾後，再轉小火續煮約8分鐘，即為香菇瓜仔肉醬

4 盛一碗白飯，排入滷蛋與燙青菜，最後再淋上香菇瓜仔肉醬，即完成

* 小小米桶的貼心建議

● 肉燥醬本身已經具有鹹度，所以要事先將醬瓜的鹹度以溫開水洗去

● 也可以將汆燙過的蒟蒻丁放入鍋中同煮，除了有QQ的口感之外，還可以增加纖維質，讓香菇瓜仔肉醬更加營養健康

● 如果香菇瓜仔肉醬還是過鹹，可以再加入3～4個去皮切大塊的馬鈴薯同煮，這樣肉醬中過多的鹽份，將會讓馬鈴薯所吸收喔

肉燥白菜魯

肉燥一直都是傳統小吃的最佳配角，不僅可以搭配飯、麵做成主食，也可以搭配燙青菜、蒸蛋作成配菜，甚至於還能當作調味醬，比如這道簡易的肉燥白菜魯

材料

白菜	500g
紅蘿蔔	1/2根
乾香菇	4朵
泡香菇水	500ml
蒜頭	1瓣
蝦米	1大匙
肉燥醬	1杯

調味料

鹽	適量
雞精	1小匙
胡椒粉	1/4小匙

做法

1 將大白菜洗淨，切成大片狀，放入滾水中汆燙至軟後撈起、瀝乾，備用

2 蝦米用少許米酒泡軟後撈起、瀝乾；蒜頭去皮洗淨，用刀拍扁；香菇泡發後切絲；紅蘿蔔洗淨去皮並切成片狀，備用

3 熱油鍋，將蒜頭與蝦米爆炒至香味溢出，放入香菇與紅蘿蔔翻炒均勻，再加入燙軟的白菜、500ml的泡香菇水、以及所有調味料，以中火煮約20分鐘，起鍋前 再放入肉燥醬煮至滾，即完成

✱ 小小米桶的貼心建議
● 也可以再加入蛋酥、排骨酥、炸芋頭...等等配料，讓白菜魯更具風味喔

肉燥醬

油辣子醬

麻婆肉醬

糖醋醬

宮保醬

三杯醬

油蔥醬

麻醬

咖哩醬

番茄肉醬

奶油白醬

萬用昆布汁

黑胡椒醬

泰式甜辣醬

照燒醬

 4人份　　 準備 5分鐘　　 烹煮 15分鐘

哨子蒸嫩蛋

常常聽到哨子麵、哨子蒸蛋，而這個哨子究竟是什麼樣的特殊食材呢？簡單的來說，哨子非常類似於我們熟悉的肉燥啦！有單純用肉製成的，或是加了馬鈴薯丁、紅蘿蔔丁熬製而成的喔。

材料

肉燥醬 .... 2大匙　　高湯 300ml

雞蛋 .... 2個　　蔥花 1大匙

做法

1 雞蛋打散後加入高湯攪拌均勻，再用網篩過濾雜質，備用

2 將做法1的雞蛋液盛入蒸碗中，用紙巾從蛋液表面劃過以消去氣泡，再以保鮮膜封好，並用牙籤刺幾個小洞

3 再放入水滾的蒸鍋中，以中小火蒸約10分鐘，熄火再燜2分鐘後，取出撕除保鮮膜，淋上肉燥醬，再撒上蔥花，即完成

✳ 小小米桶的貼心建議

● 蒸蛋前用紙巾從蛋液表面劃過的作用是：消去蛋液表面的氣泡，這樣蒸出來的蛋就光滑無氣孔喔

● 蒸蛋時鍋蓋不要蓋緊，放根筷子留些空隙，這樣蒸出來的蛋才會細滑軟嫩

● 蒸蛋的容器也可以替換成吃飯用的小碗，本食譜的份量剛好為2碗，而蒸煮的時間則縮短為蒸5分鐘燜2分鐘

4人份　準備5分鐘　烹煮10分鐘

肉燥
燜苦瓜

苦瓜是一種營養價值很高的瓜菜，含有豐富維他命c，在炎熱的夏天多吃苦瓜有助於清熱洩火。平時家中只要備有肉燥醬，便可輕鬆簡單的烹煮出好吃的肉燥燜苦瓜喔。

材料

肉燥醬 1杯
苦瓜............................1條
吻仔魚乾 (小魚乾亦可)........10g
水 1杯
蔥花 1大匙

做法

1　吻仔魚乾洗淨瀝乾水分；苦瓜洗淨，剖開去籽後切成塊狀，放入滾水中燙去苦味撈起，備用

2　將作法1的苦瓜放入鍋中，加入吻仔魚乾、肉燥醬、水，以小火燜煮至苦瓜熟軟入味，即完成

✳ 小小米桶的貼心建議
● 吻仔魚乾可以替換成用新鮮吻仔魚，或是一般小型的小魚乾
● 如果是新鮮的吻仔魚，要事先燙過後，才與苦瓜同煮喔

4人份　準備10分鐘　烹煮10分鐘

中式肉燥燒

中式肉燥燒改良自日本著名的大阪燒，將大量的高麗菜絲與肉燥醬混合而成的煎餅麵糊，放入鍋中煎至金黃微焦，再塗上特調的蒜味醬油膏，為傳統的煎餅創造出新的滋味。

材料

高麗菜	150g
蔥	2支
肉燥醬	1杯 (半湯半肉)
麵粉	150g
雞蛋	1個
水	100ml
美奶滋(沙拉醬)	適量
柴魚片	適量
日式海苔粉	適量

蒜泥沾醬用料

醬油膏	1/2杯
蒜泥	1/3小匙

做法

1. 將蒜泥沾醬拌勻；蔥洗淨切成蔥花；高麗菜洗淨後切細絲(粗梗請去除)，備用

2. 將雞蛋打入盆中用打蛋器打散，加入清水攪拌均勻後，將麵粉篩入並拌成麵糊狀，再加入1杯的肉燥醬、高麗菜、蔥花混合均勻，即為肉燥燒麵糊

3. 平底鍋加入1大匙的沙拉油燒熱後，倒入適量的麵糊，利用鍋鏟邊煎邊調整成圓餅形，煎到2面金黃微焦，塗上蒜泥沾醬，擠上美奶滋，再撒上柴魚片、海苔粉，即完成

 小小米桶的貼心建議

- 可以將適量的美奶滋(沙拉醬)裝入保鮮袋中，並將其中的一個袋腳剪個極小洞，成為簡易的擠花袋，這樣就能在肉燥燒上面擠出細細的美奶滋(沙拉醬)條紋囉

油辣子醬

俗語說：「四川人不怕辣、江西人辣不怕、湖南人怕不辣」
喜歡吃辣的朋友一定要試試油辣子醬。

材料（成品總量約為600g）

乾紅辣椒	50g	蒜味花生	3大匙
菜籽油	300ml	醬油	1又1/2大匙
蒜末	1大匙	花椒粉	1/4小匙
薑片	1片	五香粉	1/4小匙
八角	1粒	紅糖	1/2大匙
白芝麻	3大匙	鹽	1/4小匙

做法

1. 用濕布將乾紅辣椒擦拭乾淨後，剪去蒂頭，放入鍋中以小火乾炒至酥香，等冷卻後再用調理機打成粗粒，備用

2. 白芝麻放入鍋中以小火乾炒至金黃，盛起放置冷卻，備用

3. 將做法1的辣椒碎放入耐高溫的鐵盆或大碗中，加入蒜末與醬油混合均勻，備用

4. 取一鍋，將菜籽油、薑片、八角放入鍋中，以中火加熱至薑片炸至焦黑後，熄火靜待約1分鐘讓油溫稍微下降

5. 以鐵湯勺一次舀一勺的量沖入做法3的碗中，並用筷子邊沖邊攪拌，直到菜籽油用畢

6. 再將白芝麻、蒜味花生、花椒粉、五香粉、紅糖、鹽，加入做法5的碗中拌勻後，放置冷卻，再裝入玻璃瓶，即完成

小米桶的貼心建議

- 製作過程中要使用耐高溫的容器較為安全
- 可以用花生油替代菜籽油，而橄欖油、沙拉油、調合油...等，較不適合

油辣子醬的美味關鍵

- 製作油辣子醬須掌握好油溫，油溫過高，辣椒粉會被炸成焦糊，使得辣油色不紅，味不香；油溫過低，油色和香味都出不來
- 如果油潑完之後覺得香味不夠，可以先將所以有配料加入拌勻，並放回鍋中，以中小火再次加熱至香味溢出，注意：別加熱過頭而導致焦糊囉

保存方法

將製作完成的油辣子醬放置冷卻後，再裝入玻璃瓶內，蓋上瓶蓋，放入冰箱冷藏，可以保存半年

油辣子醬的應用

任何涼拌菜或是乾拌麵皆可加入油辣子醬增加風味，比如：蒜泥白肉或是白斬雞的沾醬

口水雞

將鮮嫩的切塊雞肉淋上採用豐富香辛料特製而成的醬汁，吃起來的口感是雞肉滑嫩多汁，鹹酸甜中又帶點麻辣，讓人口水直直流，難怪取名叫「口水雞」。

材料

仿土雞雞腿	1隻
(或是半雞)	
蒜頭	3瓣
薑	1小塊
蔥白	1小段
米酒	2大匙
香菜末	適量
蒜味花生	2大匙

調味料

油辣子醬	2大匙
蒜末	1大匙
薑末	1/2小匙
蔥末	適量
鹽	1/4小匙
醬油	2大匙
糖	1小匙
香醋	1大匙
香油	1小匙
炒過的白芝麻	1小匙
冷開水	2大匙

做法

1. 雞腿洗淨後抹上米酒，放上用刀拍扁的蒜頭、蔥白、薑，放入水滾的蒸鍋中大火蒸15分鐘後，取出泡入冰水，備用

2. 將蒜味花生稍微壓碎；所有調味料混合拌勻成為醬汁，備用

3. 將做法1的雞腿斬塊後排入盤中，淋上做法2的醬汁，再撒上花生碎與香菜末，即完成

＊ 小小米桶的貼心建議

- 也可以使用全雞來製作喔。全雞的煮法：取一深鍋，加入可以完全淹過雞的水量，煮至水滾，放入全雞、蔥、薑，大火煮10分鐘，再關火燜30～40分鐘，即可

- 調味料中的冷開水，可替換成蒸雞腿所蒸出來的雞湯喔

肉燥醬
油辣子醬
麻婆肉醬
糖醋醬
宮保醬
三杯醬
油蔥醬
麻醬
咖哩醬
番茄肉醬
奶油白醬
萬用昆布汁
黑胡椒醬
泰式甜辣醬
照燒醬

紅油酸湯水餃

（1人份）　（準備5分鐘）　（烹煮5分鐘）

我的冰箱裡常常會凍著自製的水餃備用著，每當偷懶不做飯時，可以拿出餃子下鍋煮熟，再拍點蒜頭、加入油辣子醬等調味料，最後在頂面撒上香菜末，就成了一頓豪華版的餃子餐。

材料

水餃 15粒
油辣子醬 1小匙
香菜末 .... 適量

調味料

蒜末 1/2小匙
蔥末 .... 適量
鹽 .... 適量
醬油 1小匙
糖 1/4小匙
胡椒粉 .... 少許
香醋 2小匙
香油 1/4小匙
炒過的白芝麻 1/3小匙

做法

1　將所有調味料放入碗中拌勻，備用

2　水餃放入滾水中煮熟後，將水餃撈起放入做法1的碗中，並盛入約1大勺的煮餃子湯汁，再淋入油辣子醬，撒上香菜末，即完成

✳ 小小米桶的貼心建議
● 也可以將所有調味料與油辣子醬混合均勻成為水餃沾醬，直接蘸食
● 醬汁中的醬油、醋，可依口味調整比例用量

回鍋小炒肉

每逢節後家裡常會有吃不完的雞或是水煮肉...等牲禮，媽媽都會先將這些肉放入鍋中煸炒至微微金黃，再加入青蒜與醬油翻炒入味，雖然用料都很簡單，卻蘊含真味。

✳ 小小米桶的貼心建議

● 過年過節祭拜用的牲禮中的熟豬肉最適合拿來回鍋爆炒了，甚至是吃不完的隔餐白斬雞也可以拿來炒喔

材料

水煮豬後腿肉 250g
(五花肉亦可)
青椒 1/2個
蒜苗 ....適量
蒜頭 2瓣
紅辣椒 1根

調味料

油辣子醬 1大匙
醬油 1大匙
醬油膏 2大匙

做法

1 將水煮豬後腿肉切薄片；青椒洗淨切塊狀；蒜頭切片；辣椒切段；蒜苗洗淨切斜片，備用

2 熱油鍋，放入豬肉片炒至微焦後，放入蒜片、辣椒、青椒翻炒均勻，再加入所有調味料、蒜苗快炒均勻，即完成

肉燥醬
油辣子醬
麻婆肉醬
糖醋醬
宮保醬
三杯醬
油蔥醬
麻醬
咖哩醬
番茄肉醬
奶油白醬
萬用昆布汁
黑胡椒醬
泰式甜辣醬
照燒醬

材料

雞胸肉	200g
小黃瓜	1條
薑	少許
蒜頭	2瓣
青蔥	2根
紅辣椒	1根
油辣子醬	1大匙

醃料

醬油	2大匙
米酒	1大匙
太白粉	1小匙

調味料

醬油	2小匙
米酒	1小匙
糖	1小匙
鹽	1/4小匙
太白粉	1小匙
清水	2大匙

做法

1. 將雞胸肉用刀稍微拍鬆後，再用刀輕劃出十字花刀，再將雞肉切成1公分丁狀，加入醃料拌醃約10分鐘，備用

2. 小黃瓜洗淨後切成1公分丁狀；薑、蒜頭切成碎末；青蔥洗淨切成蔥花；紅辣椒洗淨切小段；所有調味料混合均勻，備用

3. 熱鍋，放入適量的油，將雞肉入鍋炒至半熟後，加入做法2的薑末、蒜末、紅辣椒、蔥花，翻炒出香味溢出

4. 再加入小黃瓜丁與油辣子醬翻炒均勻，最後倒入做法2的調味料快炒收汁，即完成

4人份	準備 15分鐘	烹煮 5分鐘

油辣子雞丁

正宗的辣子雞丁是滿滿一盤乾辣椒中散落著零星雞丁。而這道油辣子雞丁是簡易版的做法，只需將乾辣椒替換成油辣子醬，炒製出來的雞丁色澤紅亮、鹹香而不辣，相當美味下飯。

✳ 小小米桶的貼心建議

- 雞肉可以替換成豬肉丁
- 在雞肉表面以交叉的手法輕劃出十字刀痕，是為了能讓雞肉在翻炒的同時能附著醬汁更加入味，而且還能順便把雞肉的纖維切斷，讓雞肉經過烹調後更顯得鮮嫩多汁喔

材料

綠豆澱粉 1/3杯
清水...................2杯
香菜末 ....適量

調味料

油辣子醬 1又1/2大匙
蒜末 1大匙
蔥末 ....適量
鹽...................1/4小匙
醬油 1大匙
糖....................1大匙
香醋 2大匙
香油 1小匙
炒過的白芝麻..1小匙

酸辣涼粉

冰冰涼涼的粉條，嚐起來爽口至極，再搭上用油辣子醬調配出的醬汁，酸甜中又帶有令人感到舒服的辣意，是一道非常適合在炎炎夏日裡的開胃涼拌菜。

做法

1 綠豆澱粉以清水調勻後，以中小火邊煮邊攪拌至沸點冒泡，再趁熱倒入耐熱的方形容器中，將表面抹平靜置冷卻後，放入冰箱冷藏約1小時，備用

2 將所有調味料混合均勻成為醬汁，備用

3 將做法1的涼粉切成約0.8公分粗的條狀，盛於盤中，再淋上做法2的醬汁，並撒上適量的香菜，即完成

✳ 小小米桶的貼心建議

- 食譜中所用的是白色粉末的綠豆澱粉，不是綠豆沙用的綠豆粉喔
- 自製涼粉既簡單又快速，而且不添加色素，只要掌握好粉與水的比例，就能做出QQ的口感喔，食譜的粉與水比例為1：6，如果喜歡更勁道的口感，可以調整為1比5的比例
- 製做好的涼粉，如果無法立即食用，可用冷開水浸泡冷藏保存，但是冷藏的時間越長，涼粉的彈性也會隨著減少，所以最好盡快食用完畢，或是用熱開水燙一燙就會恢復彈性囉
- 調味料中香醋與糖的比例，可以依口味調整比例用量

麻婆肉醬

香辣好吃的麻婆肉醬能刺激味蕾、增加食慾，最適合與豆腐、蔬菜一起烹煮，或是直接拌飯、拌麵都是不錯的選擇喔。

材料（成品總量約：1200g）

豬絞肉	600g
蒜末	2大匙
薑末	1大匙
豆豉（切末）	1大匙
清水	300ml

調味料

辣豆瓣醬	6大匙
醬油	2大匙
米酒	2大匙
糖	1大匙

做法

1 熱油鍋，將豬絞肉放入鍋中炒至8分熟，盛起備用

2 以原鍋倒入適量的油，將蒜末、薑末、豆豉末、炒至香味溢出，轉小火放入辣豆瓣醬翻炒出香味

3 將做法1的絞肉放入做法2的鍋中，加入醬油、米酒、糖，翻炒均勻

4 最後 再加入300ml的清水，蓋上鍋蓋燜煮約10分鐘至肉入味，即完成

小米桶的貼心建議

● 川式的麻婆肉醬是以牛絞肉為主料，所以本書配方中的豬絞肉可以替換成牛絞肉

● 嗜辣的朋友可以在調味料中增加辣椒末與花椒粒，做法為：在爆香薑蒜末之前，將1大匙的花椒粒放入鍋中，以小火炒香後，撈起花椒粒，再放入蒜末、薑末、豆豉末、辣椒末爆香，等最後肉醬入味起鍋前，再把先前炒香花椒粒壓碎，並放入鍋中拌勻，就是一道麻辣鮮香的川式麻婆肉醬囉

麻婆肉醬的美味關鍵

辣豆瓣醬要經過炒的過程才能引出香味，否則製作出來的麻婆肉醬只會帶有辣豆瓣醬的死鹹，而缺少辣豆瓣醬該有的香味

保存方法

製作完成的麻婆肉醬等完全冷卻之後，分小份量裝入夾鍊式的保鮮袋，並將袋內的空氣擠出，然後平舖於冰箱冷凍庫內，可冰凍保存約1～2個月。若是存放於冰箱冷藏區，則要盡快於1週之內食用完畢

麻婆肉醬的應用

● 麻婆肉醬蒸蛋 --- 將蒸好的蛋淋入麻婆肉醬與蔥花，即可

● 乾拌麵 --- 將麵條燙熟後加入蔥花與麻婆肉醬拌勻，即可

● 麻婆白菜 --- 將白菜燙軟後撈起再加入麻婆肉醬煮至白菜熟軟，即可

● 麻婆魚片 --- 將去骨魚肉切片，並沾上薄薄的太白粉，放入滾水中燙熟撈起，再放入麻婆肉醬中，即可

● 麻婆鴨血 --- 將高湯、鴨血、麻婆肉醬煮約5分鐘後撒上蔥花，即可

麻婆豆腐

料理豆腐時，最怕端上桌的豆腐料理破碎又難看，這時只要先將豆腐放入加了鹽的滾水中汆燙，下鍋烹煮後的豆腐就沒有那麼容易破碎，而且還能去除豆腥味喔。

材料

麻婆肉醬 1杯
嫩豆腐 1盒
蔥花 ....適量
花椒粒 1小匙
太白粉 1小匙
（加入3大匙的水，調成太白粉水）
高湯 80ml
紅辣椒油 1小匙

做法

1　鍋內放入1大匙油，將花椒粒以小火炒酥後，撈起花椒粒，等降溫後用湯匙將花椒粒壓碎，備用

2　將豆腐切成2公分方塊，放入加了少許鹽的滾水中汆燙後，撈起瀝去水份，備用

3　將麻婆肉醬、高湯以及做法1的豆腐放入鍋中煮滾後，轉小火煮至豆腐入味

4　再倒入1/2量的太白粉水，以鍋鏟輕輕推勻，等湯汁續滾，再倒入剩下的太白粉水，推勻、收汁後盛於盤中，撒上蔥花與花椒碎，最後再淋上紅辣椒油，即完成

> ✳ 小小米桶的貼心建議
> - 豆腐用加了鹽的滾水汆燙過，不但可以去豆腥，還可以保持豆腐質地軟嫩
> - 烹煮過程中要以小火慢燒，讓豆腐內外的味道一致，由於豆腐滑嫩，所以動作要輕，可以用晃動鍋身搭配鍋鏟輕推的手法
> - 為了防止豆腐出水，所以建議分2次勾芡，這樣燒出來的豆腐才會滑嫩好吃
> - 不嗜辣的朋友可以省略紅辣椒油

螞蟻上樹

螞蟻上樹是一道四川名菜，材料中並沒有螞蟻喔！主要是粉絲、肉碎，吃時肉碎黏著粉絲，就如螞蟻一樣，所以才名為螞蟻上樹，是一道美味的香辣下飯菜。

4人份　準備5分鐘　烹煮10分鐘

材料

冬粉 3把
麻婆肉醬 1杯
蔥花........................適量
高湯.....................100ml

做法

1　冬粉放入滾水中燙至稍軟後，撈起瀝乾水份並稍微切短，備用

2　將麻婆肉醬放入鍋中，加入高湯煮至滾後，放入做法1的冬粉翻炒至湯汁略乾後，加入蔥花炒勻，即完成

✳ 小小米桶的貼心建議

● 除了以冬粉烹煮成螞蟻上樹之外，也可以替換成燙熟的麵條，即為麻婆肉醬炒麵

醬香肉末茄子

在茄子料理中，肉末是茄子絕佳拍檔，將茄子用香中帶辣的麻婆肉醬煮至滑嫩入味，再用薄芡把每一層的味道給封住，好吃到會讓人忍不住再多吃一碗白飯喔！

材料

茄子	2根
麻婆肉醬	1/2杯
蔥花	適量
高湯	100ml
太白粉	1小匙

做法

1 將茄子切成段長，再切成1.5公分粗的條狀，放入加了少許鹽與白醋的水中，泡約1分鐘後撈起，用廚房紙巾將水份擦乾，備用。太白粉加入少許水調成太白粉水，備用

2 將茄子放入熱油鍋中，用大火炸約1分鐘，取出後瀝乾油份，備用

3 將麻婆肉醬放入鍋中，加入高湯煮至滾後，放入做法2的茄子翻炒均勻後，加入太白粉水收汁，最後撒上蔥花炒勻，即完成

❋ 小小米桶的貼心建議

• 茄子邊切邊泡入鹽醋水中，可以防止茄子快速氧化變黑，且入油鍋炸之前，一定要把水份擦乾，以避免油爆

• 一般小家庭若用油炸的方式做茄子較不方便，可以更改成鍋內放入比平常炒菜要多量的油，以半煎半炸的方式將茄子煎熟

麻婆馬鈴薯

對於馬鈴薯大家的印象多是炸薯條或是馬鈴薯沙拉，其實馬鈴薯還可以變化許多不同的中西式料理喔！比如這道麻婆馬鈴薯，只需要麻婆肉醬，就可以簡單又快速的變化出一道美味的馬鈴薯料理囉。

材料

馬鈴薯 2個	蔥花 ....適量
(約400g)	清水 120ml
麻婆肉醬 1/2杯	鹽 ....少許

做法

1 將馬鈴薯洗淨、去皮後切大塊，再用清水洗去表面的澱粉質，備用

2 將做法1的馬鈴薯放入鍋中，加入120ml的清水與少許鹽，蓋上鍋蓋小火燜煮約10分鐘

3 等馬鈴薯煮到差不多熟透後，放入麻婆肉醬拌勻，並轉大火收汁，起鍋前撒上蔥花，即完成

✳ 小小米桶的貼心建議

• 燜煮馬鈴薯時火要小，且適時的觀看水量是否足夠，如果快燒乾，可再加入少量的水進入鍋中

• 加入麻婆肉醬前，如果鍋內的煮馬鈴薯的湯汁過多，可先將多餘的湯汁取出後，才加入麻婆肉醬

滑蛋麻婆肉醬蓋飯

4人份　準備10分鐘　烹煮5分鐘

香中帶辣的麻婆肉醬可以搭配不同的食材配料，變化出許多不同的麻婆料理，也可直接拿來拌飯拌麵，如這道滑蛋麻婆肉醬蓋飯，鹹香的肉醬，拌著滑嫩的炒雞蛋，就是一道簡單又美味的蓋飯料理。

材料

麻婆肉醬 1杯
米飯 4人份

滑蛋材料

雞蛋 4個
番茄 1個
蔥花...............................適量
鮮奶.............................3大匙
太白粉 1大匙
鹽 ....少許

做法

1 將麻婆肉醬預先加熱，備用

2 番茄底部用刀輕劃十字，放入滾水中燙約1分鐘至皮捲起，再撈起並撕去番茄皮後去籽切碎；鮮奶與太白粉攪拌均勻成為太白粉水，備用

3 將雞蛋放入大碗中加入少許鹽攪打均勻後，加入做法2的番茄碎、太白粉水、蔥花，混合均勻，備用

4 取一鍋，燒熱後放入適量的油，將爐火轉至最小火，再放入做法3的蛋液，以小火邊用筷子將鍋邊已凝固的雞蛋往中間撥動，直到蛋液約5分熟的時候，即停止筷子撥動的動作，繼續小火煎至蛋約8分熟，即可將蛋盛起

5 將做法4的滑蛋放入盛有米飯的碗中，最後再淋上適量的麻婆肉醬，即完成

✱ 小小米桶的貼心建議

● 番茄去皮，除了用滾水之外，還可以直接用叉子叉住已用刀輕劃十字的番茄底部，在瓦斯爐上烘燒至皮捲起

● 將滑蛋炒的又滑又嫩的小撇步

1.蛋液裡加入用水或牛奶調成的太白粉水

2.鍋要先燒熱才下油，而且油量要足，蛋才滑的動

3.滑蛋的全程都要以小火慢炒的方式，用筷子或鍋鏟撥動蛋液

4.蛋約炒至8分熟即可熄火盛起

糖醋醬

酸酸甜甜的糖醋料理，一直是深受大家的喜愛，只要調配出糖醋醬的正確比例，不管是酸甜到讓人垂涎的糖醋排骨、經典的糖醋魚，還是滑嫩的咕咾肉，都可以在家輕鬆的烹煮出來喔。

材料

冰糖	4大匙	水	2大匙
白醋	4大匙	蒜頭	2瓣
番茄醬	2大匙	薑片	2片

做法

熱油鍋，將蒜片、薑片爆炒出香味後，再倒入其餘材料煮至滾，即可

糖醋醬的美味關鍵

- 美味的糖醋醬並不是只要把糖、醋、番茄醬炒勻就可以的，而是要先將蒜頭、薑片爆出香味後，才再加入糖、醋、番茄醬、水熬煮，這樣的糖醋醬才會香，味道才會好
- 糖醋醬中的糖，若能使用冰糖是最好的了，因為冰糖能增加醬的亮度，讓烹煮出來的糖醋料理充滿誘人食慾的光澤

保存方法

糖醋醬的使用材料非常普遍，幾乎家家都有現成的備料，而且調醬的方法快速又簡單，建議在烹煮糖醋料理時，只需先將醬汁調配好，烹煮時再一起下鍋，即可

糖醋醬的應用

- 糖醋魚 --- 將魚炸酥後淋入糖醋醬，即可
- 糖醋里肌 --- 將里肌肉醃漬後，先入鍋炸熟，再與青紅甜椒炒勻，再加入糖醋醬，即可
- 鍋包肉 --- 將里肌肉醃漬後，裹上麵糊入鍋炸熟，再加入糖醋醬拌勻，即可
- 乾燒鮮蝦 --- 將鮮蝦煎約8分熟盛起，以原鍋將蒜末、薑末、辣椒末炒香後放入鮮蝦，再加入糖醋醬翻炒均勻，即可
- 酸甜荷包蛋 --- 將蛋煎熟後淋入糖醋醬，即可

材料

小排骨	600g
蒜頭	2瓣
薑片	2片
白芝麻	適量

醃料A

醬油	1大匙
米酒	1大匙
胡椒粉	少許
五香粉	少許
蒜末	1/2小匙

醃料B

雞蛋	1個
地瓜粉	3大匙
沙拉油	2大匙

糖醋醬

糖	4大匙
白醋	4大匙
番茄醬	2大匙
水	2大匙

4人份　準備35分鐘　烹煮15分鐘

糖醋排骨

糖醋排骨一直深受國人的喜愛，連外國人也愛吃。酸酸甜甜的糖醋醬汁搭配炸得外酥裡嫩的排骨，配上一碗白飯，就是人生最美妙的滋味。

做法

1 蒜頭去膜切片：糖醋醬預先調拌均勻，備用

2 將小排骨沖水洗去血水，瀝乾水份，放入碗中加入醃料A拌均勻，再加入醃料B中的雞蛋、地瓜粉拌勻後，靜置醃約30分鐘，備用

3 熱鍋，倒入適量的油燒熱至中油溫，在做法2的排骨中拌入2大匙的沙拉油，再放入油鍋中，以小火炸約3分鐘後，轉大火續炸2分鐘，即可撈起瀝乾油脂，備用

4 另起一鍋，放入適量的油燒熱，爆香蒜片、薑片，再倒入預先調拌好的糖醋醬燒至滾後，加入做法3的排骨快速翻炒均勻，起鍋前撒上白芝麻，即完成

✱ 小小米桶的貼心建議

● 醃製排骨的時候，先加入醬料讓排骨吸收入味後，才再加入雞蛋與粉類拌勻

● 排骨入鍋炸之前，可加入2大匙的沙拉油拌勻，入鍋炸時排骨就不會互相沾黏，而且炸的過程中，原先拌入的沙拉油會再度排入油鍋中

● 炸排骨的時候要先以中油溫慢炸，等排骨差不多要轉金黃時，就可以轉大火將排骨逼出油份並炸酥

● 也可在糖醋排骨中加入洋蔥、各色甜椒做為配料

4人份　準備20分鐘　烹煮15分鐘

鳳梨咕咾肉

碰到宴客時我一定會端出這道酸甜美味的鳳梨咕咾肉，雖然肉得先經過油炸，卻因為加入了鳳梨與糖醋醬汁，讓肉一點都不會油膩，而且還非常的開胃下飯喔。

材料

豬梅花肉	300g
鳳梨	150g
青椒	20g
紅甜椒	20g
黃甜椒	20g
洋蔥	30g
蒜頭	2瓣
薑片	2片
地瓜粉	適量

醃料

醬油	1大匙
米酒	1大匙
蒜末	1/2小匙
五香粉	少許
胡椒粉	少許
雞蛋	1粒

糖醋醬

糖	4大匙
白醋	4大匙
番茄醬	2大匙
水	2大匙

做法

1 將鳳梨、青椒、紅甜椒、黃甜椒、洋蔥，切成2公分的塊狀；蒜頭切片；糖醋醬預先調拌均勻，備用

2 將梅花肉切成2公分方塊狀，加入醃料醃約15分鐘後，再均勻沾裹上地瓜粉，備用

3 取一鍋，倒入適量的油，燒至中高溫，將做法2的肉塊放入鍋中炸到淺金黃色時，轉大火續炸到金黃酥香，撈起瀝乾油份，備用

4 另取一鍋，鍋熱加入少許油，炒香洋蔥後再加入鳳梨、青椒、紅甜椒、黃甜椒翻炒均勻盛起，備用

5 以原鍋放入蒜片、薑片炒出香味，再倒入預先調拌好的糖醋醬燒至滾後，加入做法3的炸肉塊與做法4的蔬菜快速翻炒均勻，即完成

✳ 小小米桶的貼心建議

● 豬肉沾裹地瓜粉後，先靜置約1～2分鐘使粉濕潤，再入鍋油炸，這樣就不會在炸的過程中造成地瓜粉脫落

● 豬肉先用刀背拍打鬆弛再切小塊，可讓肉質更加軟嫩，並且以中高油溫來油炸，這樣才能將肉汁鎖住

醋溜肉丸子

將肥三瘦七為比例的肉丸子放入油鍋中炸至外酥裡嫩，再拌入酸甜適中的糖醋醬，讓肉丸子紅潤油亮，配上翠綠青菜，鮮豔的色彩加上撲鼻的香味，令人無法抵擋的美味。

 4人份　 準備15分鐘　 烹煮15分鐘

材料

豬絞肉......250g
洋蔥末........30g
荸薺...3粒(切碎)
綠花椰菜..1/4顆
蒜頭............2瓣
薑片 2片

糖醋醬

糖 4大匙
白醋 4大匙
番茄醬.....2大匙
水 2大匙

調味料

醬油 1大匙
五香粉.......少許
胡椒粉.......少許
蒜泥 1小匙
香油 1大匙
蛋黃............1顆
太白粉.....1大匙
鹽.............少許

做法

1. 將綠花椰菜洗淨，切小朵，再放入滾水中汆燙至熟，撈起備用；荸薺去皮洗淨後切碎；蒜頭切片；糖醋醬預先調拌均勻，備用

2. 將豬絞肉放入大碗中，加入洋蔥末、荸薺碎、調味料，混合均勻，並甩打幾下，讓肉產生彈性，備用

3. 取一鍋，倒入適量的油，燒至中高溫，將做法2的肉餡揉擠成小丸子狀，放入油鍋中炸成金黃色，撈起瀝乾油份，備用

4. 另取一炒鍋，熱鍋後加入少許油，將蒜片、薑片爆炒出香味，再倒入預先調拌好的糖醋醬燒至滾，加入做法3的炸肉丸子翻炒均勻，起鍋前再拌入做法1的燙綠花椰菜，即完成

 小小米桶的貼心建議

- 豬絞肉可以先用菜刀剁至產生黏性，讓肉丸子更具彈性
- 也可以用牛絞肉3、豬絞肉1的比例做成牛肉丸子

糖醋炸茄盒

茄子擁有醒目的黑紫色和獨特的風味，可將茄子夾入肉餡酥炸成茄盒後，直接沾著胡椒鹽食用，或是與酸甜香濃的糖醋醬汁混合成美味可口的糖醋炸茄盒。

 4人份　 準備15分鐘　 烹煮15分鐘

材料

茄子 1條
豬絞肉 150g
蔥花 1大匙
蒜頭 2瓣
薑片 2片

肉餡調味料

醬油 2小匙
米酒 1小匙
蒜泥 1/3小匙
胡椒粉 ....少許

麵糊材料

麵粉 1杯
雞蛋 1個
水 1/4杯

糖醋醬

糖 3大匙
白醋 3大匙
番茄醬....1又1/2大匙
水 1又1/2大匙

做法

1 將豬絞肉加入調味料攪拌均勻後，加入蔥花拌勻即為肉餡，備用

2 茄子洗淨切成一刀斷、一刀不斷的蝴蝶片狀，放入加了鹽與醋的水，淨泡約幾十秒，備用

3 將做法2的茄子片取出並瀝乾水份，用廚房紙巾擦乾後，釀入做法1的肉餡，備用

4 將所有麵糊材料攪拌均勻成麵糊狀，再將做法3的茄盒均勻的沾裹上麵糊，放入熱鍋中炸至金黃色，撈起瀝乾油份，備用

5 另起一鍋，放入適量的油燒熱，爆香蒜片、薑片，再倒入預先調拌好的糖醋醬燒至滾後，加入做法4的茄盒快速翻炒均勻，即完成

 小小米桶的貼心建議
● 茄子不要切的太厚喔，每一刀約為0.3公分的厚度
● 茄子邊切邊泡入鹽醋水中，可以防止茄子快速氧化變黑

4人份
準備 10分鐘
烹煮 15分鐘

醋溜皮蛋

一入口是濃郁的酸甜滋味，細細咀嚼後慢慢的在齒間散發出淡淡的皮蛋特殊香氣，喜歡吃皮蛋的朋友，一定要試試這道多層次口感的醋溜皮蛋喔。

材料

皮蛋.....................3顆
青椒.................1/3粒
洋蔥.................1/2顆
小番茄.................6粒
蒜頭.....................2瓣
薑.........................2片

麵糊

麵粉.................1/2杯
水 1/2杯

糖醋醬

糖.....................3大匙
白醋.................3大匙
番茄醬....1又1/2大匙
水 1又1/2大匙

做法

1 皮蛋去殼後切成8小塊；洋蔥、青椒切小方塊；番茄對半切開；蒜頭切片；將麵糊材料混合均勻；糖醋醬預先調拌均勻，備用

2 將做法1的皮蛋均勻沾裹一層麵糊後，放入熱油鍋中炸至金黃，撈起瀝乾油份，備用

3 另取一炒鍋，熱鍋後加入少許油，炒香洋蔥，再加入青椒、番茄翻炒均勻後，盛起備用

4 以原鍋放入蒜片、薑片炒出香味，再倒入預先調拌好的糖醋醬燒至滾後，加入做法2的炸皮蛋與做法3的蔬菜快速翻炒均勻，即完成

✱ 小小米桶的貼心建議
● 配料蔬菜可以自行變化喔

宮保醬

宮保醬最獨特的地方就是麻、辣、鹹、酸、甜的多層次口感,再加上口感香脆的花生米,
不但下飯更是讓人胃口大開、欲罷不能喔。

材料

乾辣椒 6根
花椒粒 1/2小匙
薑片 3片
蒜頭 1瓣
蔥...........................1支

調味料

醬油 2大匙
米酒 1大匙
糖 1大匙
醋 1小匙
太白粉 1小匙
水 2大匙

做法

熱油鍋,將乾辣椒、花椒粒、蒜片、薑片、蔥段爆出
香味後,再加入預先調配好的調味料煮至滾,即可

宮保醬的美味關鍵

● 宮保醬的重點味道就在乾辣椒的
辣、花椒的麻,所以 要用小火將乾
辣椒、花椒慢炒出香味,若是火喉
過大,乾辣椒就會變黑、味道不
對,而且花椒也會發出苦味喔

保存方法

宮保醬的使用材料非常普遍,幾乎
家家都有現成的備料,而且調醬的

方法快速又簡單,建議在烹煮宮保
料理時,只需先將醬汁調配好,
烹煮時再一起下鍋,即可

宮保醬的應用

● 宮保魷魚 --- 做法與範例食譜相
同,只需將主材料替換成燙過的
魷魚,即可
● 宮保帶子 --- 做法與範例食譜相
同,只需將主材料替換成燙過的
帶子,即可

● 宮保蛤蜊 --- 做法與範例食譜相
同,只需將主材料替換成蛤蜊,
即可
● 宮保牛肉 --- 做法與範例食譜相
同,只需將主材料替換成醃漬好並
過油的牛肉,即可
● 宮保茄子 --- 做法與範例食譜相
同,只需將主材料替換成過油的
茄子,即可

宮保雞丁

以前常吃米桶媽做的宮保雞丁，可我從沒想過自己動手做，主觀的認為有點難度，後來開始研究起川菜，自己親手做後才發現，只要學會宮保醬，不管是宮保雞丁、豆腐、還是蝦仁，通通都難不倒囉！

材料

雞胸肉	300g
乾辣椒	6根
青蔥	2枝
薑片	3片
花椒粒	1/2小匙
蒜味花生	50g

調味料

醬油	2大匙
米酒	1大匙
糖	1小匙
白醋	1小匙
太白粉	1小匙
水	2大匙

※ 可以加入1/2小匙的老抽增加色澤

雞肉醃料

醬油	2大匙
米酒	1大匙
太白粉	1小匙
沙拉油	1大匙

做法

1. 將雞胸肉用刀稍微拍鬆後，再用刀輕劃出十字花刀，再將雞肉切成大丁狀，加入所有醃料混合均勻，備用

2. 乾辣椒切小段，並去除辣椒籽；蒜頭去膜切片；青蔥洗淨後切成段長；調味料混合拌勻，備用

3. 熱油鍋，將乾辣椒、花椒粒爆出香味後，將乾辣椒、花椒粒撈起，備用

4. 以原鍋將雞肉放入鍋中煎炒至半熟後，加入蒜片、薑片、蔥段，翻炒出香味溢出

5. 再加入預先調配好的調味料，大火快速翻炒收汁，起鍋前拌入先前撈起的乾辣椒、花椒粒與蒜味花生，即完成

✱ 小小米桶的貼心建議

- 在雞肉表面以交叉的手法輕劃出十字刀痕，是為了能讓雞肉在翻炒的同時能附著醬汁更加入味，而且還能順便把雞肉的纖維切斷，讓雞肉經過烹調後更顯得鮮嫩多汁喔
- 一般做雞丁料理時，雞肉大多會先過一次油，再入鍋快炒，本食譜做法則將過油的程序更改成油煎，雖然製作過程變得更簡單方便，但是美味照樣不打扣喔

材料

草蝦仁	250g
乾辣椒	6根
青蔥	2枝
薑片	3片
花椒粒	1/2小匙
蒜味花生	50g

蝦子醃料

米酒	1大匙
蛋白	1大匙
太白粉	1小匙
鹽	少許

調味醬料

醬油	2大匙
米酒	1大匙
糖	1大匙
醋	1小匙
太白粉	1小匙
水	2大匙

4人份　準備10分鐘　烹煮8分鐘

宮保蝦仁

宮保給人的印象是麻、辣又略帶鹹、酸、甜的滋味，其實只要稍微調整一下用料比例，比如：採用體型較大且去籽的乾辣椒，也可以讓宮保看起來勁辣噴火，但嘗起來又不那麼的辣喔。

✳ **小小米桶的貼心建議**

● 如何讓蝦仁的口感更佳爽脆

1. 用太白粉洗去蝦仁外表的血水與滑溜的黏液，能讓蝦仁變得較潔白，口感較爽脆，吃起來也較清甜無腥味

2. 蝦仁清洗乾淨並將多餘水份擦乾，可先放入冰箱冷藏約1小時，使蝦仁冰脆後，再拌入調味醬料

注意：
要冰過後才拌入醃料，以避免蝦仁醃過久而破壞鮮味

做法

1 蝦仁用刀從背部劃開，取出腸泥，並加入少許鹽與2大匙(份量外)的太白粉，將黏在蝦仁外表的血水、滑溜的黏液搓掉，並清洗乾淨後，用廚房紙巾擦乾水份，再加入醃料拌勻，備用

2 乾辣椒切小段，並去除辣椒籽；蒜頭切片；青蔥洗將淨後切成段長；調味料混合拌勻，備用

3 熱油鍋，將乾辣椒、花椒粒爆出香味後，將乾辣椒、花椒粒撈起，備用

4 以原鍋將蝦仁煎至7分熟，盛起後，再將蒜片、薑片、蔥段，放入鍋中翻炒出香味溢出

5 將蝦仁再放回做法4的鍋中並加入預先調配好的調味料，大火快速翻炒收汁，起鍋前 拌入先前撈起的乾辣椒、花椒粒與蒜味花生，即完成

4人份　準備10分鐘　烹煮10分鐘

宮保豆腐

宮保豆腐的烹調方法與宮保雞丁相同,只是將雞丁以豆腐取代了,味道鮮辣甜香,還多了豆腐嫩滑的口感,是一道既下飯、又可當下酒的美味菜餚喔。

材料

豆腐	1塊
乾辣椒	6根
青蔥	2枝
薑片	3片
花椒粒	1/2小匙
蒜味花生	50g
太白粉	適量
雞蛋	1個

調味料

醬油	2大匙
米酒	1大匙
糖	1小匙
白醋	1小匙
太白粉	1小匙
水	2大匙

做法

1 乾辣椒切小段,並去除辣椒籽;蒜頭去膜切片;青蔥洗淨後切成段長;調味料混合拌勻;雞蛋打散成蛋液,備用

2 豆腐切成1.5公分粗的條狀,沾裹蛋液再沾上一層太白粉,放入熱油鍋中以高溫炸至表面呈金黃色,撈起備用

3 另起一油鍋,將乾辣椒、花椒粒爆出香味後,將乾辣椒、花椒粒撈起,備用

4 以原鍋爆香蒜片、薑片、蔥段,再放入做法2的炸豆腐翻炒均勻,再加入預先調配好的調味料,大火快速翻炒收汁,起鍋前拌入先前撈起的乾辣椒、花椒粒與蒜味花生,即完成

> ✳ 小小米桶的貼心建議
> - 裹粉之前先沾蛋液可讓炸豆腐帶有蛋香
> - 豆腐裹上粉後要再用手輕拍,把多餘的粉拍掉,炸好的豆腐才會皮薄內嫩,並且裹上粉後,靜置約1～2分鐘,讓豆腐表面的粉濕潤,這樣在下油鍋炸的時候,就不怕粉脫落囉
> - 炸豆腐時要用高溫大火快速炸酥,如果用低溫小火,豆腐反而會在炸的過程中,吸入大量油脂

宮保什錦蔬菜

宮保一直是大家喜歡的菜色，除了耳熟能詳的「宮保雞丁」之外，其他的材料都可以入菜。像這道宮保什錦蔬菜，就是用蔬菜取代雞肉，吃起來不但爽口，也更加健康喔。

材料

紅蘿蔔	1/3根
馬鈴薯	1個
紅甜椒	1/4個
黃甜椒	1/4個
碗豆仁	1/3杯
蘑菇	30g
乾辣椒	2根
蒜頭	2瓣
薑	2片
蒜味花生	50g

調味料

醬油	2大匙
米酒	1大匙
糖	1小匙
白醋	1小匙
太白粉	1/2小匙
水	2大匙

做法

1 將馬鈴薯、紅蘿蔔去皮洗淨切丁；紅甜椒、黃甜椒、蘑菇洗淨切丁；乾辣椒切小段；蒜頭切片；調味料混合拌勻，備用

2 煮一鍋滾水，將馬鈴薯丁、紅蘿蔔丁、碗豆仁放入鍋中煮至微軟後，再放入紅甜椒丁、黃甜椒丁、蘑菇丁快速汆燙，即可撈起過冷水，並瀝乾水份，備用

3 熱油鍋，爆香乾辣椒、蒜片、薑片後，放入做法2的什錦蔬菜翻炒均勻，再加入預先調配好的調味料，大火快速翻炒收汁，起鍋前拌入蒜味花生，即完成

✻ 小小米桶的貼心建議
什錦蔬菜可以自由變化，比如：蘆筍、竹筍、荸薺，或是加入豆製品，比如：豆乾、麵腸....等等

宮保皮蛋

一般對於皮蛋的印象就止於皮蛋瘦肉粥，或是涼拌皮蛋豆腐，其實皮蛋還可以變化出不同的料理喔！比如：這道宮保皮蛋，鹹香甜辣的醬汁，搭配上皮蛋的特殊氣味，可說是別具一番風味。

材料

皮蛋	4個
乾辣椒	6根
花椒	1/4小匙
青蔥	1根
薑片	2片
蒜頭	2瓣
蒜味花生米	50g

調味料

醬油	1大匙
米酒	1大匙
糖	1/2小匙
白醋	1/2小匙
香油	1/2小匙
水	1大匙
太白粉	1/2小匙

做法

1. 將皮蛋放入滾水中煮約5分鐘，撈起浸泡冷水，待涼後剝殼、切片，備用

2. 蔥切段；薑切片；蒜頭切片；乾辣椒切段；所有調味料拌勻，備用

3. 熱油鍋，將乾辣椒、花椒粒爆出香味，將乾辣椒、花椒粒撈起，備用

4. 以原鍋爆香蒜片、薑片、蔥段後，放入作法1的皮蛋與預先調配好的調味料，翻炒均勻

5. 再放入先前撈起的乾辣椒、花椒粒，翻炒均勻，起鍋前拌入花生米，即完成

> ✱ 小小米桶的貼心建議
> ● 皮蛋煮過之後，蛋黃就會呈現凝固狀，除了方便切塊還可以保持皮蛋的美觀

三杯醬

所謂「三杯」即為1杯麻油、1杯醬油、1杯米酒,以三杯醬烹煮而成的料理,色重、香濃、味醇,深受重口味、嗜甜味的國人喜愛。

材料

麻油 3大匙
醬油...........1又1/2大匙
醬油膏.........1又1/2大匙

米酒 3大匙
糖 1小匙
薑片 ....適量

做法

熱鍋,倒入麻油,放入薑片以中小火煸至薑片捲曲後,加入其餘材料拌勻,即可

三杯醬的美味關鍵

● 過去的三杯醬是以醬油來調配的,現在漸漸改良成一半醬油、一半醬油膏(或蠔油),用醬油膏的好處是可以增加色澤以及濃稠度,還可減少醬油的死鹹,讓味道甘甜適中

● 在製作三杯料理時,麻油的香與薑的辛是重點味道,所以麻油建議選用黑麻油才夠香,煸薑片時火不可過大,這樣麻油才不會發出苦味,而且要把薑煸到邊緣捲曲,薑才會保有辛香不帶辣味

保存方法

三杯醬的使用材料非常普遍,幾乎家家都有現成的備料,而且調醬的方法快速又簡單,建議在烹煮三杯料理時,只需先將醬汁調配好,烹煮時再一起下鍋,即可

三杯醬的應用

● 三杯杏鮑菇 --- 用麻油將薑片爆香,放入辣椒、蒜頭、杏鮑菇拌炒,再加入米酒、醬油與醬油膏收汁,再放入九層塔,即可

● 三杯豆腐 --- 用麻油將薑片爆香,放入辣椒、蒜頭、炸過的豆腐拌炒,再加入米酒、醬油與醬油膏收汁,再放入九層塔,即可

● 三杯苦瓜 --- 用麻油將薑片爆香,放入辣椒、蒜頭、燙過的苦瓜拌炒,再加入米酒、醬油與醬油膏收汁,再放入九層塔,即可

● 三杯海瓜子 --- 用麻油將薑片爆香,放入辣椒、蒜頭、海瓜子拌炒,再加入米酒、醬油與醬油膏收汁,再放入九層塔,即可

● 三杯虱目魚肚 --- 用麻油將薑片爆香,放入辣椒、蒜頭、虱目魚肚,煎至魚肚金黃微焦,再加入米酒、醬油與醬油膏收汁,再放入九層塔,即可

肉燥醬

油辣子醬

麻婆肉醬

糖醋醬

宮保醬

三杯醬

油蔥醬

麻醬

咖哩醬

番茄肉醬

奶油白醬

萬用昆布汁

黑胡椒醬

泰式甜辣醬

照燒醬

 4人份

 準備 10分鐘

烹煮 10分鐘

蘋果三杯雞

說到三杯料理，第一個想到就是三杯雞，所以在烹煮時，我特別加入青蘋果，希望原本鹹鹹甜甜的雞肉，能帶點微酸的蘋果清香，沒想到青蘋果與三杯醬還真的挺對味的喔

材料

雞腿	4隻
青蘋果	1個
薑	1塊
蒜頭	10瓣
紅辣椒	1條
九層塔	適量
麻油	3大匙

調味醬料

酒	3大匙
醬油	2大匙
醬油膏	2大匙
糖	1小匙
水	200ml

做法

1 薑洗淨切薄片，蒜頭去皮洗
淨，紅辣椒切小段，九層塔
洗淨，備用

2 雞腿切塊放入滾水中汆燙
後，撈起放在水龍頭底下沖
洗乾淨，瀝乾水份，備用

3 青蘋果去皮切塊後泡入鹽水
中，再撈起瀝乾水份，備用

4 熱一鍋，倒入麻油，放入薑
片以中小火煸至薑片捲曲
後，放入蒜頭與辣椒片爆出
香味，再放入做法2的雞塊
翻炒至雞皮略焦

5 將所有調味料放入做法4的
鍋中炒勻，並蓋上鍋蓋，以
中火燜煮至略收湯汁後，
加入做法3的蘋果塊翻炒
均勻，起鍋前再加入九層
塔，即完成

材料

中卷	2尾
薑	1塊
蒜頭	10瓣
紅辣椒	1條
九層塔	適量
麻油	3大匙

調味醬料

酒	3大匙
醬油	1大匙
醬油膏	2大匙
糖	1小匙

做法

1 薑洗淨切薄片，蒜頭去皮洗淨，紅辣椒切小段，九層塔洗淨，備用

2 中卷洗淨切成圈狀放入滾水中汆燙後，瀝乾水份，備用

3 熱一鍋，倒入麻油，放入薑片以中小火煸至薑片捲曲後，放入蒜頭與辣椒片爆出香味，再放入做法2的中卷翻炒均勻

4 將所有調味料放入鍋中大火翻炒收汁，起鍋前再加入九層塔，即完成

> ✳ 小小米桶的貼心建議
> ● 煸薑片時火不可過大才不會發出苦味，而且要把薑煸到邊緣捲曲，薑才不會有辛辣味
> ● 三杯料理就是要帶有乾焦香，所以中卷先汆燙過後再入鍋炒，才不會湯汁過多，且中卷放入滾水中只要稍微汆燙至色變白即可撈起

三杯中卷

到海產店吃飯必點的就是三杯中卷，鹹甜中又帶有少許的焦香味，非常的下飯。
現在只要學會三杯醬，自己也可以在家烹煮出美味好吃的三杯中卷囉

4人份　準備 10分鐘　烹煮 6分鐘

三杯臘味飯

記得老公第一次帶我回香港見公婆的時候，公公婆婆問我最想吃的港式料理是什麼？我說臘味煲仔飯。所以現在只要一吃到臘味飯，就會讓我想起那時「醜媳婦要見公婆」的忐忑心情

材料

白米.....................2杯
臘腸.....................2條
臘肉.....................1小塊
乾香菇.................3朵
薑 3片
蒜頭.....................2瓣
青蔥.....................2根
麻油.................2大匙
水 2杯

調味料

酒.....................3大匙
醬油...............3大匙
糖.....................1小匙
鹽.....................適量

做法

1 將白米洗淨後瀝乾水份；臘腸、臘肉切小丁；乾香菇泡軟切小丁；蒜頭切片；青蔥洗淨後切成蔥花，備用

2 熱一鍋，倒入麻油，放入薑片以中小火煸至薑片捲曲後，放入蒜頭與香菇爆炒出香味，再放入白米翻炒至米粒略變透明

3 將做法2的炒米飯倒入電飯鍋中加入2杯水，並且加入所有調味料調整鹹度，放上臘腸丁與臘肉丁，蓋上鍋蓋按下開關，煮到開關跳起，再燜15分鐘，打開鍋蓋加入蔥花，用飯勺由下往上輕輕翻勻，即完成

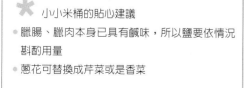

* 小小米桶的貼心建議

• 臘腸、臘肉本身已具有鹹味，所以鹽要依情況斟酌用量

• 蔥花可替換成芹菜或是香菜

豆製品對我來說有著無法抗拒的魔力，其中麵輪更是我的最最愛，尤其是滷煮到入味的麵輪，吸滿了香香的滷汁，夾一塊麵輪配著一大口的白飯，哇..真的好好吃喔

三杯麵輪

4人份　準備 190分鐘　烹煮 25分鐘

材料

麵輪...................... 100g
乾香菇......................6朵
紅棗 6粒
薑............................1塊
蒜頭 10瓣
紅辣椒.....................1條
九層塔.....................適量
麻油.....................3大匙

調味醬料

酒 3大匙
醬油.....................2大匙
醬油膏.................2大匙
糖 1小匙

做法

1 將麵輪用水浸泡3小時至軟，再放入水滾的鍋中煮約15分鐘後撈起瀝乾水份，備用

2 薑洗淨切薄片，蒜頭去皮洗淨，紅辣椒切小段，九層塔洗淨，備用

3 熱一鍋，倒入麻油，放入薑片以中小火煸至薑片捲曲後，放入蒜頭與辣椒片爆出香味，再放入香菇與紅棗翻炒均勻

4 將做法1的麵輪以及所有調味料放入鍋中略炒均勻後蓋上鍋蓋，以中小火燒至醬汁收乾入味，起鍋前再加入九層塔，即完成

※ 小小米桶的貼心建議
• 麵輪需要一些時間才煮的軟，所以要先經水煮後再入鍋炒。水煮麵輪時可以放入一顆八角或是少許五香粉增加香氣喔
• 煸薑片時火不可過大才不會發出苦味，而且要把薑煸到邊緣捲曲，薑才不會有辛辣味

三杯玉米

在我心中一直對於玉米有著無法忘懷的滋味，那就是小時候常在家巷口買的碳烤玉米，所以在烹調這道三杯玉米時，我特別加入沙茶醬調配出鹹香微辣的醬汁，讓原本鮮甜的玉米更令人回味無窮。

4人份　　準備30分鐘　　烹煮5分鐘

材料

玉米	2根
薑	1塊
蒜頭	10瓣
紅辣椒	1條
九層塔	適量
麻油	3大匙

調味醬料

酒	3大匙
醬油	1大匙
醬油膏	2大匙
沙茶醬	1小匙
糖	1小匙

> **＊ 小小米桶的貼心建議**
> 煸薑片時火不可過大才不會發出苦味，而且要把薑煸到邊緣捲曲，薑才不會有辛辣味
> ● 玉米除了蒸，也可以用水煮的方式

做法

1. 玉米洗淨放入水滾的鍋中蒸約25分鐘後，取出放涼，切成2.5公分的塊狀，備用

2. 薑洗淨切薄片，蒜頭去皮洗淨，紅辣椒切小段，九層塔洗淨，備用

3. 熱一鍋，倒入麻油，放入薑片以中小火煸至薑片捲曲後，放入蒜頭與辣椒片爆出香味，再放入做法1的玉米翻炒均勻

4. 將所有調味料放入鍋中大火翻炒收汁，起鍋前再加入九層塔，即完成

油蔥醬

自製的油蔥醬，香味絕非市售成品所可以比擬的，不管是燙青菜、湯麵條或是乾拌麵，只要加入一小匙的油蔥醬，再平凡的食材也能變成五星級的美味喔。

材料（成品總量約：600g）

豬肥油丁 600g
紅蔥頭 300g

做法

1 將紅蔥頭剝去褐色外皮後橫向切片，備用

2 將豬肥油丁以中小火炸出豬油，並炸至豬油渣成金黃硬脆狀後，撈出並熄火

3 將做法1的紅蔥頭，分3～4次倒入做法2的熱豬油中，待溫度降下後，重新開爐火，以中火一邊攪拌一邊將紅蔥頭炸至微變金黃酥脆時，即可將紅蔥頭撈起，盛入平盤中攤涼，備用

4 待做法3的豬油略放涼後，再將紅蔥頭與豬油裝入玻璃罐中，即完成

小米桶的貼心建議
● 將紅蔥頭放入油鍋中炸時要分成數次加入，一次放會有炸油噴出的危險
● 可以將炸好的紅蔥頭放回降溫後的油鍋中並加入2大匙的醬油拌勻再裝瓶以增添鹹香味
● 製作好的油蔥醬經冷藏後會較硬不好挖取，可以在裝瓶前混入適量的沙拉油

油蔥醬的美味關鍵
● 紅蔥頭要橫向切片，這樣香味才容易出來喔
● 紅蔥頭炸至微變金黃酥脆時即立刻撈起，要是炸過頭了，餘溫會持續讓紅蔥頭變的焦黑而產生苦味，所以要特別注意

保存方法
將製作完成的油蔥醬裝入玻璃罐內，蓋上瓶蓋，等完成冷卻後放入冰箱，可以冷藏1年

油蔥醬的應用
● 各式燙青菜 --- 將青菜燙熟後拌入醬油膏與油蔥醬，即可
● 乾拌麵 --- 將麵條燙熟後加入醬油膏、蔥花、油蔥醬拌勻，即可
● 餛飩湯 --- 將煮熟的餛飩放入高湯中加入芹菜末、油蔥醬、白胡椒粉，即可
● 簡易油飯 --- 將喜愛的配料炒熟後，加入已蒸熟的糯米飯、油蔥醬拌勻，即可

南瓜香香飯

南瓜香香飯是我對媽媽印象中的家鄉味,偶爾媽媽懶得做飯的時候,她都會煮這一道飯給我們吃,雖然用料平凡、簡單,可卻擁有五星級的滋味喔。

材料

米	2杯
南瓜	200g
豬肉	150g
乾香菇	4朵
蒜頭	2瓣
蝦米	1小匙
高湯	2又1/2杯
芹菜	1小把

調味料

蔥油醬	1大匙
醬油	1大匙
鹽	適量
胡椒粉	適量

做法

1 南瓜用刷子將表皮刷洗乾淨,再切成1.5公分小方塊;香菇泡發,切小丁;豬肉切丁;蒜頭切碎;蝦米洗淨瀝乾水份;芹菜洗淨切珠;米洗淨後用清水浸泡約15分鐘,瀝乾水份,備用

2 熱油鍋,先將蒜末與蝦米爆香,放入豬肉丁、香菇丁炒到肉變色後,再放入南瓜塊、調味料,翻炒均勻

3 將米倒入做法2鍋中,用中小火翻炒到米粒微微透明

4 將做法3的炒米飯倒入電飯鍋中加入高湯,並再次加鹽調整鹹度,蓋上鍋蓋按下開關,煮到飯熟再燜10分鐘,打開鍋蓋加入芹菜珠,用飯勺由下往上輕輕翻勻,即完成

✹ 小小米桶的貼心建議

- 南瓜可選用綠皮或橘皮含水量較少的日式小南瓜,或是放置較久的老南瓜,煮出來的香香飯才不會過濕,而且還能保持完整的形體
- 南瓜不要切太大塊,以免飯熟南瓜還不夠鬆軟
  南瓜皮蠻營養的,所以不要捨棄,把它刷洗乾淨就行囉
  喜歡米飯濕軟的口感,可以增加為3杯的高湯量

客家風味炒河粉

我是個道道地地的客家女兒，媽媽最常煮的早餐就是炒粄條，或是米苔目湯，一點點的油蔥醬拌上韭菜、豆芽與粄條就是最最最美的滋味了。

材料

乾澥粉條..........150g
豬肉..................100g
紅蘿蔔..............15g
韭菜..................50g
豆芽菜..............75g
蒜頭..................2瓣

調味料

油蔥醬............1大匙
醬油................1大匙
糖....................1/4小匙
鹽....................少許
胡椒粉............少許

豬肉醃料

醬油................1小匙
米酒................1小匙
胡椒粉............少許
太白粉............1/2小匙

做法

1 將豬肉洗淨後切絲，再用醃料攪拌均勻；紅蘿蔔洗淨切絲；韭菜洗淨切小段；豆芽菜去頭尾後洗淨；蒜頭去膜切片，備用

2 將乾澥粉條泡入熱水中約15分鐘，再放入水滾的鍋中燙軟後，撈起備用

3 熱油鍋，爆香蒜片後加入豬肉絲炒至變色，再加入紅蘿蔔絲，炒至肉熟後加入做法2的熟澥粉條翻炒均勻

4 再加入做法1的韭菜、豆芽和全部的調味料，拌炒約2分鐘至入味，即完成

✱ 小小米桶的貼心建議

澥粉條又稱為河粉，和粄條一樣都是以米為原料製成，只是河粉較薄，所以可用新鮮粄條取代河粉喔。本食譜中所用的為泰國乾澥粉條比越南澥粉條要適合以炒的烹調方式

客家鹹湯圓

只要每逢節日或是重要的日子，媽媽都會煮湯圓，包括每次老爺跟我回台灣的那天，我們一定有湯圓吃，所以湯圓也算是我記憶中家的味道。

材料

湯圓	1斤
瘦豬肉	200g
香菇	6朵
蝦米	1大匙
韭菜	1大把
香菜	適量
紅蔥頭	3瓣
高湯	1200ml

調味料

蔥油醬	2大匙
醬油	2大匙
鹽	適量
胡椒粉	適量

> ✳ 小小米桶的貼心建議
> - 可以用清水替代高湯，或是清水加上高湯塊
> - 青菜除了韭菜與香菜之外，還可以加入芹菜與茼蒿喔
> - 將湯圓替換成米製的客家米苔目，也是非常的好吃喔

做法

1 將香菇泡軟後切絲；蝦米泡軟；豬肉切絲；韭菜與香菜洗淨後，切2公分段長；紅蔥頭切碎，備用

2 起油鍋，將紅蔥頭與蝦米爆香，再放入豬肉絲、香菇絲一起拌炒至肉熟，盛起備用

3 煮一鍋水，水滾後放入湯圓，煮至浮起，備用

4 煮湯圓的同時，另取一鍋，加入高湯煮至滾，加入做法2的炒料、煮熟的湯圓、與所有的調味料，等湯再次煮滾後，加入韭菜、香菜，即完成

材料

韭菜	1把 (150g)
蔥油醬	1大匙
醬油膏	1大匙
柴魚片	適量
沙拉油	1大匙

做法

1 煮一鍋水，水滾後加入沙拉油，再放入洗淨的韭菜，燙到變色，即可快速撈起，切段，備用

2 將切好段的韭菜排於盤中，淋上醬油膏與加熱過的蔥油醬，最後撒上適量的柴魚片，即完成

4人份　準備5分鐘　烹煮5分鐘

蔥油拌韭菜

到麵館除了叫碗陽春麵之外，我一定會再來一盤蔥油拌韭菜，燙的恰到好處的韭菜拌入油蔥醬與醬油膏，最後再撒上少許柴魚片，哇...美味也不過如此罷了。

※ 小小米桶的貼心建議

● 在滾水中加入少許的沙拉油，可讓汆燙韭菜更油亮

● 燙韭菜時，因為根部較不易熟，所以要先將根部入鍋

● 韭菜只要燙到變色，即可迅速撈起，以免燙過老而口感變得老韌囉

4人份　 準備 50分鐘　 烹煮 10分鐘

家常肉羹湯

我最喜歡的肉羹湯除了要有好吃的肉羹之外，還要是用大白菜或是高麗菜做出來的羹湯，這樣不但營養豐富，加上使用大量蔬菜做成湯頭，味道也是非常的鮮甜好吃喔！

材料A

豬瘦肉.................200g
肥豬肉..................50g

材料B

高麗菜.................100g
紅蘿蔔.................1/2根
黑木耳....................5g
香菇.......................5朵
香菜碎..................適量
柴魚片..................適量
蒜泥.....................2小匙
烏醋....................1大匙
太白粉..................適量

調味料C

蔥油醬..................1大匙
醬油.....................1小匙
鹽.......................1/4小匙
糖.......................1/2小匙
五香粉..................少許
胡椒粉..................少許
香油...................1/2小匙
太白粉..................1大匙

調味料D

香菇素蠔油...........3大匙
蔥油醬..................1小匙
鹽.........................適量
糖.......................2小匙

做法

1 將高麗菜洗淨切絲；紅蘿蔔去皮切絲；黑木耳洗淨切絲；乾香菇泡軟後切絲；蒜泥加入烏醋拌勻成為蒜泥烏醋，備用

2 肥豬肉洗淨，以刀剁成茸狀，備用；豬瘦肉洗淨並將水份擦拭乾淨，去除筋膜後以肉槌拍打成泥狀，備用

3 將做法2的肥肉茸與豬肉泥放入大碗中用力摔打約10分鐘，再加入調味料C繼續摔打約1分鐘後，用保鮮膜密封好，放入冰箱冷藏約30分鐘，備用

4 取一鍋，加入適量的水，燒熱至約90℃，取出做法3的肉泥捏成長條狀，放入熱水中以小火煮至浮出水面約30秒鐘後撈起，即為肉羹，備用

5 將做法4湯鍋中的湯留下約800ml為基底羹湯，並於鍋中加入高麗菜絲、紅蘿蔔絲、黑木耳絲、香菇絲煮至熟，加入調味料D調味後，分次淋入太白粉水勾芡，再加入做法4的肉羹略微拌煮，最後 起鍋盛入碗中，撒上香菜末、柴魚片，再淋上蒜泥烏醋，即完成

✱ 小小米桶的貼心建議

為了避免肉汁流失，破壞肉羹的口感和美味，煮肉羹時水不可太滾，只要維持在快煮沸前的狀態即可

麻醬

濃郁芳香的麻醬最適合做為乾拌麵醬，或是在炎炎夏日時，用於涼拌菜的淋醬、拌醬，非常開胃喔。

材料（成品總量約：450ml）

芝麻醬	4大匙	白醋	1/2大匙
花生醬	2大匙	香油	1大匙
醬油	4大匙	蒜泥	1大匙
糖	1大匙	冷開水	120ml
烏醋	2大匙	白芝麻	2大匙

做法

1 將白芝麻放入鍋中以小火乾炒至金黃，盛起放置冷卻後，用擀麵棍壓碎或料理機打碎，備用

2 將芝麻醬、花生醬放入大碗中，分多次加入少量的冷開水調稀，直到冷開水用完

3 再加入其餘的配料與做法1的碎芝麻混合均勻，即為麻醬

小米桶的貼心建議

● 芝麻醬黏稠不易調拌開，所以要分多次少量的加入冷開水調稀後，再加入其他的配料

● 醋與糖可以依喜好的口味，調整比例用量

● 喜歡吃辣的朋友，可以增加辣椒油，或是本書中的油辣子醬

● 喜歡帶點東南亞風味的，可以增加1大匙的魚露，但是醬油就要減少份量，以免過鹹喔

麻醬的美味關鍵

● 在麻醬中加入花生醬可以增加濃郁的香氣喔

● 白芝麻要先用小火炒過才會散發出芝麻迷人的香味

保存方法

將製作完成的麻醬裝入密封性佳的保鮮盒裡，放入冰箱可冷藏保存1～2星期，並且取用時要以乾淨、乾燥的湯匙挖取，就能避免麻醬變質喔

麻醬的應用

● 麻醬肉燥乾拌麵 --- 將麵條燙熟後加入蔥花、麻醬與滷肉燥拌勻，即可

● 麻醬拌茄子 --- 將茄子蒸熟後拌入麻醬與蔥花，即可

● 麻醬拌四季豆 --- 將燙熟的四季豆淋上麻醬，即可

● 麻醬拌涼粉皮 --- 將小黃瓜絲、涼粉、雞絲拌入麻醬，即可

● 麻醬皮蛋豆腐 --- 將豆腐、皮蛋切小塊後，淋上麻醬與蔥花，即可

2人份　準備15分鐘　烹煮5分鐘

芝麻醬涼麵

炎炎夏日沒胃口吃飯，那麼就來盤沁涼開胃的芝麻醬涼麵吧！現在只要學會美味的麻醬作法，在家也能自製好吃的芝麻醬涼麵囉。

材料

麵條	2人份	雞蛋	1個
麻醬	6大匙	蒜味花生	1大匙
小黃瓜	1/2條	鹽	少許
紅蘿蔔	1/3根		

做法

1. 將雞蛋加入少許鹽打散成蛋液，放入熱油鍋中煎成薄蛋皮後，切成絲狀，備用

2. 小黃瓜洗淨切絲；紅蘿蔔去皮洗淨切絲；蒜味花生稍微壓碎，備用

3. 將麵條放入水滾的鍋中煮至熟，撈起泡入冷開水中快速降溫，再撈起瀝乾水份排入盤中，備用

4. 將雞蛋絲、小黃瓜絲、紅蘿蔔絲放入做法3的麵條上，再淋上麻醬並撒上花生碎，即完成

＊ 小小米桶的貼心建議

涼麵的配料可以自由變化，比如：火腿絲、蟹肉棒....等等

肉燥醬
油辣子醬
麻婆肉醬
糖醋醬
宮保醬
三杯醬
油蔥醬
麻醬
咖哩醬
番茄肉醬
奶油白醬
萬用昆布汁
黑胡椒醬
泰式甜辣醬
照燒醬

| 4人份 | 準備10分鐘 | 烹煮15分鐘 |

麻醬涼拌雞絲

彈牙的雞絲、爽脆的小黃瓜、美味的雞蛋絲，拌入酸酸甜甜又帶有濃厚芝麻香的麻醬，清爽又開胃的讓你沒胃口的夏季，天天吃也吃不膩！

材料

雞胸肉	200g
小黃瓜	1根
雞蛋	1個
麻醬	5大匙
紅辣椒	1根
鹽	適量

調味料

米酒	1大匙
薑片	3片
蒜頭	2瓣
蔥白	1小段

做法

1 雞胸肉洗淨，在肉厚處順著肉紋劃幾刀，加入調味料放入鍋中蒸熟，取出放涼後，撕成絲狀，備用

2 將雞蛋加入少許鹽打散成蛋液，放入熱油鍋中煎成薄蛋皮後，切成絲狀，備用

3 小黃瓜洗淨切片，加入少許鹽抓拌靜置約5分鐘後，過一次冷開水瀝乾水份，備用

4 將小黃瓜、雞肉絲、雞蛋絲，依序排入盤中，淋上麻醬，放上紅辣椒片做裝飾，即完成

✳ 小小米桶的貼心建議
配料可以自由變化，比如：
綠豆涼粉、高麗菜絲、紅蘿蔔絲...等等

麻醬豆腐

健康低熱量的水嫩豆腐，搭配香濃的麻醬，酸甜中還帶有芝麻清香，是一道簡單開胃的涼拌小菜，而且吃起來既健康又不易發胖喔！

4人份　準備5分鐘　烹煮0分鐘

材料

嫩豆腐 .... 1盒　　青蔥 1根
麻醬 .... 4大匙　　辣椒 1根
蒜味花生 2大匙

做法

1 花生用湯匙或擀麵棍稍微壓碎；蔥、辣椒切絲後泡入冷開水中，再撈起瀝乾水份，備用

2 將嫩豆腐橫切成片，擺入盤中，淋上麻醬，放入蔥絲、辣椒絲，最後撒上花生碎，即完成

＊ 小小米桶的貼心建議
喜歡吃辣的朋友可以再淋入辣椒油，或是本書中的油辣子醬

4人份　 準備 5分鐘　 烹煮 5分鐘　菠菜營養價值相當高，是一年四季都可見到的深綠色蔬菜，無論是清炒、涼拌、煮湯、還是做餡料，都要先經過焯燙的步驟，這樣就可以去除菠菜中的澀味口感喔。

麻醬果仁菠菜

材料

菠菜	1把
沙拉油	1大匙
麻醬	4大匙
鹽酥杏仁	適量

做法

1. 取一鍋，加入適量的水煮至滾後，加入1大匙的沙拉油，將洗淨的菠菜放入燙至變色後，即可將菠菜撈起，泡入冷開水中降溫，備用

2. 將做法1的菠菜瀝乾水份，切成5公分長段後，排入盤中，淋上麻醬，再撒上適量的鹽酥杏仁，即完成

✳ 小小米桶的貼心建議
- 菠菜可以替換成油麥菜(A菜)、或是四季豆
- 鹽酥杏仁可以替換成鹽酥花生、或是核桃

材料

苜蓿芽	150g	花生粉	3大匙
蟹肉棒	5條	白糖	1小匙
紅蘿蔔	1/2根	麻醬	4大匙
雞蛋	2個	越南米紙(大)	10張

做法

1. 將雞蛋加入少許鹽打散成蛋液，放入熱油鍋中煎成薄蛋皮後，切成絲狀，備用

2. 苜蓿芽洗淨瀝乾水份；蟹肉棒用手撕成絲狀；紅蘿蔔去皮洗淨切絲；花生粉與白糖混合均勻成為花生糖粉，備用

3. 取1張米紙沾熱水軟化後，放入雞蛋絲、蟹肉絲、紅蘿蔔絲，再放上苜蓿芽，並撒上適量的花生糖粉與麻醬，再捲成春捲狀，即完成

✱ 小小米桶的貼心建議

- 如果是使用小張的米紙，可以將2張軟化的米紙以一前一後交疊的方式，成為一大張的米紙
- 捲食配料可以隨喜自由變化，比如：熟蝦肉、熟雞絲、各色甜椒、小黃瓜、火腿....等

6人份　準備15分鐘　烹煮5分鐘

苜蓿芽菜卷

苜蓿芽風味獨特、熱量低，非常適合用來做生菜沙拉、三明治、海苔手捲或壽司。比如：這道苜蓿芽菜卷，清香的苜蓿芽內餡，沾上酸酸甜甜又帶有濃厚芝麻香的麻醬，極為清爽可口

咖哩醬

咖哩源自於印度，是由數十種以上的香料所調配而成的醬料，咖哩能變化出非常多的美味料理，不管是豬肉、牛肉、雞肉、海鮮、甚至是蔬菜，通通都可以和咖哩成為絕妙搭配喔。

材料（成品總量約1000ml）

奶油......................30g
蒜頭碎..................30g
洋蔥碎..................80g
薑碎......................10g
月桂葉..................1片
麵粉......................1大匙
咖哩塊..................1小塊
雞高湯..................800ml
原味優格..............3大匙

調味料

咖哩粉..................2大匙
薑黃粉..................1小匙
小茴香..............1/4小匙
黑胡椒粉..............適量
鹽..........................適量

做法

1 將奶油放入鍋中加熱融化後，加入洋蔥碎、薑碎、蒜頭碎、月桂葉拌炒至香味溢出，再加入咖哩粉、薑黃粉、小茴香、麵粉以小火拌炒均勻

2 將高湯加入做法1的鍋中拌勻，加入糖、黑胡椒粉、鹽，煮約8分鐘，再加入剝碎的咖哩塊邊煮邊攪拌至融化，熄火前拌入原味優格，即完成

食材小百科
● 薑黃粉
(Turmeric Powder)
在台灣又稱為鬱金香粉，有一種特殊的氣味與特別的金黃顏色，是咖哩重要的香料之一

小米桶的貼心建議
● 可以加入辣椒碎增加咖哩醬的辣度
● 或是加入過於熟成的蘋果泥或桃子泥，製做出帶有水果香甜的咖哩醬
● 可以依口味喜好斟酌加入少量的糖，或是改以蜂蜜增加不同香氣的甜味
● 放置隔夜的咖哩醬會比剛製作完成的咖哩醬更加香濃好吃

咖哩醬的美味關鍵
● 咖哩粉要經過小火慢炒才能散發出香味

● 製作咖哩醬時若能混搭2種不同的咖哩粉，或是咖哩粉搭配上咖哩塊，製作出來的咖哩醬保證好吃喔

咖哩醬的保存方法
將製作完成的咖哩醬放置完全冷卻後，分小份裝入夾鍊袋，或是盛入製冰盒中凍成咖哩塊，可冰凍保存1～2個月。若是存放於冰箱冷藏區，則要盡快於1週內食用完畢

咖哩醬的應用
● 咖哩炒烏龍麵 --- 將喜愛的蔬菜配料與烏龍麵炒熟後加入咖哩醬拌勻，即可 (或是炒飯、炒麵、炒米粉)

● 咖哩豬排 --- 將外酥裡嫩的炸豬排淋上咖哩醬，即可
● 咖哩燴豆腐 --- 將豆腐煎過之後加入咖哩醬拌勻，即可
● 蔬菜咖哩 --- 將南瓜、節瓜、洋蔥、蘆筍、綠花椰菜、青紅椒用蒜末炒香後，加入咖哩醬煮約15分鐘，再淋入椰奶，即可
● 鮮蝦咖哩粉絲煲 --- 將蒜末、洋蔥絲炒香後，加入雞高湯、咖哩醬煮滾，再加入泡軟的粉絲拌勻並移入砂鍋內，並放上鮮蝦續燜煮至蝦熟，再撒上蔥花，即可

老爺不愛吃螃蟹，因為他嫌用手剝太麻煩了！不過唯獨這道咖哩螃蟹，他可是願意邊啃邊吮手指的慢慢把蟹啃得乾乾淨淨。喜歡吃海鮮又喜歡咖哩味的朋友們一定要試試這道美味的咖哩螃蟹

4人份　準備15分鐘　烹煮15分鐘

咖哩螃蟹

材料

螃蟹	2隻
洋蔥	1/2個
青蔥	1支
芹菜	少許
辣椒	1根
蒜頭	2瓣
麵粉	適量

調味料

咖哩醬	1/2杯
魚露	2大匙
米酒	3大匙
糖	1大匙
椰漿	4大匙
高湯	200ml

做法

1 洋蔥洗淨切絲；青蔥、芹菜、辣椒洗淨，切小段；蒜頭切片，備用

2 將螃蟹刷洗乾淨，斬下蟹鉗，用刀背將蟹鉗稍微敲裂，再掀開蟹殼，將蟹的胃袋以及蟹身兩側類似菊花瓣的蟹腮去除乾淨，再用刀快速的剁成4塊，並沾上薄薄一層的麵粉，備用

3 熱鍋，鍋內放入適量的油燒熱，將做法2的螃蟹塊放入油鍋中炸約4分鐘至表面酥脆，即可撈起瀝乾油份，備用

4 另取一鍋，熱鍋後加入適量的油，爆香蒜片、辣椒、洋蔥絲、蔥白後，加入做法3的螃蟹塊以及所有調味料，燜煮約5分鐘後放入蔥綠與芹菜拌勻，即完成

✳ 小小米桶的貼心建議
● 蟹鉗用刀背稍微敲裂，除了方便食用之外，還能利於入味
● 螃蟹塊沾上薄薄一層的麵粉，可以防止油炸時產生油爆，還能將鮮美的肉汁封住喔

4人份	準備90分鐘	烹煮5分鐘

印度咖哩餃

2004年的印度之遊，讓我第一次接觸到美味的咖哩餃---samosa。炸的酥酥脆脆的外皮，裹著咖哩馬鈴薯內餡，每咬一口都是濃郁的辛香味。

麵皮材料

中筋麵粉 1杯
水 1/2杯
鹽 ....少許
沙拉油 2大匙

內餡材料

馬鈴薯 .2個 (約400g)
碗豆仁 1/2杯
洋蔥 1/4個
芫荽(香菜).......1小把
咖哩醬....1又1/2大匙

做法

1 馬鈴薯洗淨去皮，放入鍋中煮熟，撈起放涼後切小丁；碗豆仁放入滾水中汆燙後，撈起瀝乾水份；洋蔥去膜洗淨切碎；香菜洗淨切碎，備用

2 熱鍋，加入1大匙油燒熱，放入做法1的洋蔥碎炒出香味後，放入碗豆仁、馬鈴薯丁與咖哩醬炒至收汁後，再加入香菜碎拌勻，盛起放涼，即為咖哩餃內餡

3 將麵皮所有材料放入大碗中混合成麵糰，再用手揉至表面光滑後，蓋上保鮮膜靜置鬆弛約30分鐘，備用

4 將做法3的麵糰均分成8等份，並滾圓後蓋上保鮮膜，備用

5 取一份小圓麵糰用擀麵棍擀成直徑約10公分的圓形薄面皮，再用刀對半切開成半圓形，用湯匙取適量做法2的內餡放在半圓形的麵皮中間，再將兩端的麵皮蓋上成為一個三角形，將封口捏緊，並沿邊捏出花邊，重複此動作至材料用畢

6 鍋內放入適量的油，燒熱，將做法5的咖哩餃放入油鍋中炸至金黃，撈起瀝乾油份，即完成

❋ 小小米桶的貼心建議
- 嗜辣的朋友可在內餡材料中增加綠辣椒碎末
- 拌炒內餡時可以邊炒邊用鍋鏟將馬鈴薯稍微壓碎
- 可以加入豬、牛、羊...等絞肉，一起拌炒成為肉味內餡
- 包入內餡時可以將半圓形的麵皮圍成一個甜筒狀後，再將內餡填入並封口

材料

牛腩 600g	月桂葉 2片
洋蔥.....................1個	培根肉 1小塊
紅蘿蔔 1根	（片狀的約2片）
西芹 2枝	紅酒 200ml
番茄 1/2個	牛高湯...........800ml
蘑菇 80g	咖哩醬 1/2杯
新鮮香草束(thyme與	麵粉 ....適量
parsley)..........1小束	鹽 ....適量
（可用瓶裝乾燥香草	
1大匙替代）	

6人份　準備24小時　烹煮150分鐘

咖哩紅酒燉牛肉

我很喜歡一次燉一大鍋的牛肉，再分幾日的慢慢吃，尤其是回鍋煮幾次後的牛肉湯汁，拿來泡飯或是以木棍麵包沾著吃，更是令我無法抗拒的美味喔

做法

1 牛肉洗淨切大塊狀；洋蔥、紅蘿蔔、西芹洗淨切塊；蘑菇洗淨切成一口大小；備用

2 以一層牛肉、一層蔬菜的方式舖入大盆裡，放入香草束、月桂葉，再倒入紅酒，蓋上保鮮膜放入冰箱醃約1天

3 隔天，將做法2中的牛肉與蔬菜分開，以及醃汁預留，備用

4 將做法3的牛肉均勻裹上麵粉，靜置幾分鐘讓粉濕潤，備用

5 取一鍋燒熱，放入培根以小火煎至培根出油後，放入做法3的蔬菜炒出香味，盛起備用

6 再將做法4的牛肉放入做法5的鍋中，煎至表面微焦，盛起備用

7 另取一湯鍋，放入牛肉、1/3量的蔬菜、做法3的醃汁、牛高湯，煮滾後轉小火燉煮約1小時

8 再將咖哩醬與剩下的蔬菜放入做法7的鍋中，以小火燉煮約45分鐘後，再加入蘑菇與鹽調整鹹度後，續煮約15分鐘，即完成

小小米桶的貼心建議

● 牛肉不可切的過小，因為燉煮過的牛肉會縮小

● 牛肉先用紅酒醃漬，除了讓牛肉充滿酒香之外，紅酒還有軟化肉質的作用。另外醃漬時請選擇玻璃、磁(瓷)、塑膠、不鏽鋼...等等材質為盛裝的容器，勿使用鋁、鐵鍋，避免長時間與紅酒接觸產生化學變化

● 炒香蔬菜的時候，可先放入培根引香提味

● 因為燉的時間蠻長，等牛肉燉軟，蔬菜也燉到軟爛了，所以可以分2階段來燉，一開始先將牛肉燉到稍微熟軟後，才加入炒蔬菜續燉至牛肉完全軟爛

● 牛肉因為裹有一層麵粉，所以在燉煮的過程中要適時的翻動，以避免鍋底燒焦喔

咖哩燉排骨

4人份 ｜ 準備 15分鐘 ｜ 烹煮 50分鐘

誰說咖哩只能做成咖哩雞，其實也可以用咖哩來燉排骨喔。將排骨燜煮到筷子一碰就骨肉分離狀態，讓軟嫩的排骨肉吸滿了咖哩醬汁，好吃到連骨頭都不放過。

材料

排骨 500g
洋蔥.................................1個
紅蘿蔔 1根
馬鈴薯 1個
椰漿 50ml

調味料

咖哩醬 4大匙
糖.....................................1/2小匙
鹽.....................................1/4小匙
水 300ml

小小米桶的貼心建議

肉類在烹煮之前先進行汆燙的這個動作，稱為飛水，其作用是可以去除肉類的血水污物與多餘脂肪

1. 飛水可依不同的料理方式來區分為冷水下鍋，還是熱水下鍋
2. 如果是要做湯類的則要以冷水下鍋，其原理是熱水會使蛋白質迅速凝固，不易釋出鮮味及養份
3. 反之如果是要滷、燉的則用熱水下鍋，因為要讓鮮味及水份鎖在肉裡，這樣滷、燉的肉才好吃

做法

1 將排骨放入滾水中汆燙後，撈起放在水龍頭底下沖洗乾淨，瀝乾水份，備用；洋蔥去膜洗淨切塊；紅蘿蔔、馬鈴薯洗淨去皮切塊，備用

2 熱鍋，加入1大匙油燒熱，放入做法1的排骨、洋蔥、紅蘿蔔、馬鈴薯炒出香味後，盛起備用

3 取另一鍋，放入做法2的排骨，加上所有調味料，以大火煮滾後，轉小火煮約25分鐘

4 將做法2的洋蔥、紅蘿蔔、馬鈴薯放入做法3的鍋中，再以小火煮約15分鐘，最後再加入椰漿拌勻並續煮至滾，即完成

葡國雞

雖然名為葡國雞，但它並不是源自葡萄牙，而是澳門的經典名菜喔！是以咖哩和椰汁為底，再加上其他配料組合而成的一道菜，其特色是濃郁的椰香之中又帶一點點辛香味。

材料

雞	半隻 (約600g)
洋蔥	1/2個
馬鈴薯	1個
紅蘿蔔	1根
高湯	150ml
椰漿	1罐
椰子粉	少許
水煮蛋	1個
黑橄欖	少許
麵粉	1大匙

調味料

咖哩醬	3大匙
糖	1大匙
鹽	1/2小匙

做法

1 洋蔥、紅蘿蔔、馬鈴薯洗淨切塊；水煮蛋切約1.5公分方塊；麵粉加入適量的水調成麵粉水，備用

2 雞肉切大塊後加入所有調味料拌勻，醃約15分鐘，備用

3 熱油鍋，將做法1的洋蔥、紅蘿蔔、馬鈴薯放入鍋中炒出香味後，盛起備用

4 再將醃好的雞肉放入鍋中煎至微焦後，放入做法3的洋蔥、紅蘿蔔、馬鈴薯翻炒均勻

5 將高湯、椰漿加入做法4的鍋中煮約8鐘後，加入麵粉水勾芡收汁，並以適量的鹽調整鹹度後，盛入烤皿中，備用

6 將做法1的水煮蛋與黑橄欖放入做法5的烤皿中，並撒上少許的椰子粉，送入預好熱的烤箱，以攝氏200度烘烤至表面略焦黃，即完成

 小小米桶的貼心建議

● 也可以省略最後一道烘烤的程序喔
● 可以用牛奶替換椰漿

番茄肉醬

番茄肉醬可以說是西方的肉燥醬，鮮紅的顏色加上番茄的微酸滋味，誘惑刺激著我們的味蕾。只要學會了番茄肉醬，在家也能享受西餐喔。

材料（成品總量約：2000g）

牛絞肉.....................400g
豬絞肉.....................200g
洋蔥碎.....................180g
蒜頭碎.......................30g
義大利綜合香料 ...1小匙
罐頭番茄.................1罐
（約820g重的罐頭）
橄欖油.....................適量

調味料

番茄糊.................3大匙
紅酒.....................150ml
鹽...........................適量
胡椒........................適量
月桂葉 2片
牛骨高湯 300ml

做法

1. 將罐頭番茄切碎；洋蔥去膜洗淨切碎；蒜頭去膜切碎，備用

2. 鍋裡倒入橄欖油加熱後，放入蒜頭碎、義大利綜合香料炒出香味，放入洋蔥碎炒至軟化，再放入牛絞肉、豬絞肉炒至變色

3. 將做法2移入湯鍋中，放入切碎的罐頭番茄、罐頭汁液、所有調味料，煮滾後轉小火續煮約30分鐘，即為番茄肉醬

小米桶的貼心建議

● 製作好的番茄肉醬，若能放置一夜再食用，風味更佳
● 牛骨高湯可以用清水與牛高湯塊替代

番茄肉醬的美味關鍵

● 用牛肉製作出的番茄肉醬最美味了，若是再增加適量的半肥豬肉，能讓番茄肉醬更具鮮嫩口感
● 製做番茄肉醬時，使用罐頭番茄會比新鮮番茄來的更香、更好吃喔

保存方法

製作完成的番茄肉醬等完全冷卻之後，分小份量裝入夾鍊式的保鮮袋，並將袋內的空氣擠出，然後平舖於冰箱冷凍庫內，可冰凍保存約1～2個月。若是 存放於冰箱冷藏區，則要盡快於1週內食用完畢

番茄肉醬的應用

● pizza肉醬 --- 將番茄肉醬煮滾後，加入玉米粉水收汁成為pizza醬，再搭配喜愛的配料製做出pizza，即可
● 茄汁焗通心粉 --- 將通心粉煮熟後拌入番茄肉醬，盛於烤皿並撒上起司絲，放入烤箱烤至表面金黃，即可
● 茄汁焗肉丸子 --- 將炸熟的肉丸子與燙熟綠花椰菜拌入番茄肉醬，盛於烤皿並撒上起司絲，放入烤箱烤至表面金黃，即可
● 番茄肉醬佐蛋捲 --- 將雞蛋煎成蛋捲後，盛於盤中再淋入番茄肉醬，即可

食材小百科

● 番茄糊(tomato paste)
也有人將它翻成「番茄配司」，為濃縮的番茄醬，在製做醬料時可以增加番茄酸味與濃度
● 義大利綜合香料
(Italian seasoning)
是由皮薩草、羅勒葉、洋香菜葉、迷迭香等多種香料組合而成的，具有溫和、清新芳香的風味，適合於西式菜餚

番茄蔬菜肉醬義大利麵

番茄肉醬義大利麵在我家餐桌上的出現頻率非常高，我常常一次煮一大鍋的番茄肉醬，再用保鮮袋分裝小份，放入冷凍庫中冰凍保存，日後隨時都能快速的做出番茄蔬菜肉醬義大利麵囉！

材料

番茄肉醬	2杯	義大利麵	4人份
蘑菇	80g	高湯	100ml
洋蔥	1/2個	番茄糊	2大匙
冷凍三色蔬菜丁	1杯	鹽	適量

做法

1. 將洋蔥去膜洗淨切小丁；蘑菇洗淨切小丁；三色蔬菜丁解凍後洗淨瀝乾水份，備用

2. 熱油鍋，放入洋蔥炒出香味後放入蘑菇丁、冷凍三色蔬菜丁，翻炒均勻後再加入番茄肉醬、高湯與番茄糊，小火煮約10分鐘，即為番茄蔬菜肉醬

3. 取一深鍋，倒入適量水煮至滾，加入少許的鹽與橄欖油，再將義大利麵呈放射狀的放入鍋中煮到8分熟，撈起再拌入1大匙的橄欖油。最後 將熟義大利麵盛於盤中，再淋入番茄蔬菜肉醬，即完成

✳ 小小米桶的貼心建議

● 義大利麵要煮得好吃，除了煮麵時要加點鹽、油，但是真要煮出專業級水準，可以吃出所謂的「彈牙」

● 第一就是煮麵水的份量一定要夠，所以鍋子盡量選擇深鍋

● 第二就是火力要維持大火，即使麵條放下去，溫度也不會降低

● 第三點要注意的是，不可以加冷水，這樣做也是避免溫度下降

● 我的煮義大利麵條小秘訣是：煮的時候放入一塊高湯塊及1大匙橄欖油，煮出來的麵條非常美味喔

肉燥醬
油拌子醬
蠔麥肉醬
糖醋醬
宮保醬
三杯醬
油蔥醬
麻醬
咖哩醬
**番
茄
肉
醬**
奶油白醬
萬用昆布汁
黑胡椒醬
泰式甜辣醬
照燒醬

4人份　準備 10分鐘　烹煮 10分鐘

起司 焗豆腐

炸豆腐、紅燒豆腐、煮豆腐、涼拌豆腐，吃來吃去老是這幾樣，現在只要有了番茄肉醬，豆腐也能變化出西式的焗烤料理，喜歡吃豆腐的朋友一定要試試喔！

材料

豆腐.................................1塊
番茄肉醬 1/2杯
起司絲 ....適量
日式海苔粉 ....少許
(可用香菜末替代)

做法

1 豆腐放入加了鹽的滾水中燙約1分鐘，撈起

2 將豆腐切成約1.5公分厚度的片狀，並用廚房紙巾吸去多餘水份

3 放上番茄肉醬，撒上適量的起司絲，放入已經預熱的烤箱，以攝氏200度烤至表面金黃

4 取出在表面撒些日式海苔粉做裝飾，即完成

❋ 小小米桶的貼心建議
豆腐已經是熟的，放入烤箱的作用是將表面起司烤到焦香，所以焗烤的時間不用過長，只要表面呈現金黃微焦，即可

番茄肉醬焗茄子

每次在餐廳打開菜單看到有「焗烤」這兩個字的菜，總會讓人忍不住想點來品嚐，可是上桌後不是不夠香濃，就是餡料不夠豐富。其實只要學會番茄肉醬，在家也能做出美味好吃的焗烤料理喔。

材料

茄子.................3條　　起司絲.............適量
番茄肉醬..........2杯

做法

1. 茄子切成0.5公分的片狀，放入加了鹽與醋的清水，淨泡約1分鐘後，撈起茄子，用紙巾擦乾水份

2. 平底鍋放入適量的油燒熱，將做法1的茄子放入鍋中煎熟，盛起備用

3. 烤皿內先鋪上少量的番茄肉醬，接著排入做法2的茄子，再撒上少量起司絲，一直重復相同順序直到茄子用完，最後於表面撒上起司絲，再送入已經預熱的烤箱，以攝氏180度烤約15分鐘，即完成

 小小米桶的貼心建議

* 番茄肉醬預先加熱，可以縮短焗烤的時間，只要將表面的起司烤至焦黃即可

* 沒有烤皿的朋友，可以買市售的方形、圓形錫箔盒來替代

(4人份) (準備 5分鐘) (烹煮 20分鐘)

番茄肉醬
焗馬鈴薯泥

馬鈴薯泥也可以搭配番茄肉醬與起司絲成為焗烤料理。細滑的馬鈴薯泥混著濃郁的番茄肉醬，
以及烤的金黃酥香的牽絲起司，總會讓人忍不住食指大動。

* 小小米桶的貼心建議
- 加入馬鈴薯泥中的牛奶，可以替換成鮮奶油，奶味更香濃喔
- 也可以將馬鈴薯泥替換成地瓜泥

材料

番茄肉醬 1杯
馬鈴薯 ....2個(約400g)
牛奶 75ml
黑胡椒粉 ....少許
鹽 ....少許
冷凍三色蔬菜丁 1/2杯
起司絲 ....適量

做法

1 將馬鈴薯去皮洗淨切大塊，放入鍋中加入120ml(份量外)的清水，蓋上鍋蓋，小火煮至馬鈴薯熟透

2 將熟透的馬鈴薯取出趁熱用叉子壓成泥狀後，加入牛奶、鹽、黑胡椒粉拌勻，裝入擠花袋，備用

3 將番茄肉醬盛於烤皿，再擠入馬鈴薯泥，並撒入汆燙過的冷凍三色蔬菜丁，最後再均勻鋪上起司絲，送入已經預熱的烤箱，以攝氏200度約烤至表面金黃微焦，即完成

材料

番茄肉醬 1杯	四季豆................20g
花豆................1/2杯	高湯 100ml
火腿腸 3根	番茄糊 1大匙
罐頭玉米粒......1/2杯	鹽.....................適量

做法

1 將花豆洗淨，用水浸泡約一夜，隔天將浸泡花豆的水倒掉並再次清洗一遍，放入鍋中加入適量的水，煮滾後轉小火續煮約30分鐘

2 將做法1的花豆撈起瀝去湯汁，備用；火腿腸切2公分段長；罐頭玉米粒過一次冷開水後，瀝乾水份；四季豆切成1公分小段，放入滾水中燙熟後撈起，備用

3 將做法2的花豆放入鍋中，加入番茄肉醬、高湯、番茄糊與適量的鹽煮約20分鐘後，再加入火腿腸、玉米粒續煮至滾，最後 再加入四季豆，即完成

 6人份　 準備 15分鐘　 烹煮 60分鐘

番茄肉醬燉花豆

燉豆子在英國飲食中有著舉足輕重的地位，就好比米飯之於中國人，扮演了填飽肚子的角色。可是美味的燉豆子耗時又費工，現在只要利用番茄肉醬，也能自製出簡易又好吃的燉豆子囉。

✱ 小小米桶的貼心建議

● 浸泡花豆時，若氣溫較熱就要放入冰箱冷藏喔，以避免泡花豆的水產生酸腐現象

● 花豆可以替換成黃豆或是紅腰豆

● 製作完成的番茄肉醬燉花豆可以拿來拌飯、搭配法式麵包、水煮馬鈴薯泥、或是當做烤雞、豬排、牛排的裝飾配菜，都是很不錯的吃法喔

奶油白醬

以奶油將麵粉炒香，並用牛奶調配出來帶有濃郁奶香的調味醬汁。如果改變醬汁的濃度，將可再變化出各式各樣的料理喔。

奶油白醬(A)---
適用於燉菜與做為醬汁
材料（成品總量約500ml）

洋蔥碎	20g
蒜頭碎	15g
奶油	30g
麵粉	2大匙
牛奶	350ml
鮮奶油	50ml
鹽	少許
黑胡椒粉	少許

奶油白醬(B)---
適用於焗烤與義大利麵
材料（成品總量約600ml）

洋蔥碎	20g
蒜頭碎	15g
奶油	50g
麵粉	4大匙
牛奶	350ml
鮮奶油	50ml
鹽	少許
黑胡椒粉	少許

奶油白醬(C)---
適用於奶汁可樂餅
材料（成品總量約250ml）

奶油	50g
麵粉	4大匙
牛奶	150ml
鮮奶油	50ml
鹽	少許
黑胡椒粉	少許

做法

1. 鍋中放入奶油加熱融化，再放進洋蔥碎、蒜頭碎炒香

2. 加入麵粉以小火拌炒，再分次加入鮮奶、鮮奶油拌炒均勻後，以鹽、黑胡椒粉調味，即完成

小米桶的貼心建議

每加入一次鮮奶，要完全跟麵粉拌勻之後，才可再續加。如果一次全把鮮奶加入，麵粉就會結粒不易拌勻囉

奶油白醬的美味關鍵

● 在炒麵粉之前先加入少許的洋蔥碎、蒜頭碎炒香，製作出來的奶油白醬，風味更加香濃喔

● 奶油以及鮮奶油能讓醬汁細滑可口，並且建議使用動物性的奶油與鮮奶油，除了奶香味較植物性來的濃郁，也更符合健康喔

保存方法

製作完成的奶油白醬等完全冷卻之後，分小份量裝入夾鍊式的保鮮袋，並將袋內的空氣擠出，然後平舖於冰箱冷凍庫內，可冰凍保存約1個月。若是 存放於冰箱冷藏區，則要盡快於1週內食用完畢

奶油白醬的應用

● 奶油焗白菜 --- 將蒜末炒香，加入火腿、已燙軟的白菜、奶油白醬(B)拌勻後，盛於烤皿並撒上起司絲，放入烤箱烤至表面金黃，即可

● 奶油焗花椰菜 --- 將綠花椰菜、切段的火腿腸燙熟後拌入奶油白醬(B)，盛於烤皿並撒上起司絲，放入烤箱烤至表面金黃，即可

● 奶油蘑菇醬佐漢堡排 --- 將蘑菇片、洋蔥絲炒熟，加入奶油白醬(A)成為奶油蘑菇醬，再搭配煎熟的漢堡肉排，即可

● 奶油蘑菇醬佐嫩煎豆腐 --- 將蘑菇片、洋蔥絲炒熟，加入奶油白醬(A)成為奶油蘑菇醬，再搭配煎至微焦的豆腐，即可

● 奶油焗通心麵 --- 將三色蔬菜丁與通心粉煮熟後拌入奶油白醬(B)，盛於烤皿並撒上起司絲，放入烤箱烤至表面金黃，即可

鹽酥雞奶油焗飯

吃剩的鹽酥雞、炸雞排或是炸豬排
很容易變得濕軟不酥脆，丟掉可惜
又浪費，而回鍋炸更是費時費工，
所以我都會再煮個奶油醬汁，搭配
白飯與起司，就成為一道美味的焗
飯囉。

材料

夜市鹽酥雞 1份
白飯 2人份
奶油白醬(B) 2杯
冷凍三色蔬菜丁 1杯
雞精粉 1/2小匙
番茄醬 ....適量
起司絲 ....適量

做法

1 將冷凍三色蔬菜丁放入滾水
　中燙約2分鐘後，撈起備用

2 將奶油白醬放入鍋中以小火
　加熱後，加入做法1的三色蔬
　菜丁與雞精粉拌勻，熄火備用

3 準備2個烤皿，分別盛入白
　飯，淋入做法2的醬汁後，
　擠入適量的番茄醬，再放入
　鹽酥雞，最後 撒上適量的起
　司絲，送入已預熱的烤箱，
　以攝氏200度烤至表面金黃，
　即完成

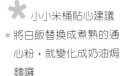 小小米桶貼心建議

● 將白飯替換成煮熟的通
　心粉，就變化成奶油焗
　麵囉

● 可以在奶油白醬中加入
　燙熟的花枝、蝦仁…
　海鮮類，來替換鹽酥
　雞，就變化成海鮮奶油
　焗飯

● 焗飯或焗麵醬汁的量要
　放足，焗烤出來的飯麵
　才不會過乾喔

4人份　｜　準備 150分鐘　｜　烹煮 6分鐘

奶汁玉米
可樂餅

奶汁玉米可樂餅有著酥脆的外皮與奶味香濃的內餡，和我們中式的炸鮮奶非常類似，只是多了香甜的玉米粒，是一道大人、小孩都喜愛的點心喔！

材料

玉米粒罐頭	1/2罐
糖	1大匙
麵粉	適量
雞蛋	1個
麵包粉	適量

奶油白醬(C) 材料

奶油	50g
麵粉	4大匙
鮮奶	150ml
鮮奶油	50ml
鹽	少許

做法

1　鍋中放入奶油加熱融化，加入麵粉以小火拌炒，再分次加入鮮奶、鮮奶油拌炒均勻後，加入少許鹽拌勻，即為奶油白醬(C)備用

2　將玉米粒、糖、以及做法1的奶油白醬混合均勻，成為玉米奶油醬備用

3　取一淺方盤鋪上保鮮膜，倒入做法2的玉米奶油醬，表面抹平後待其冷卻放入冰箱冷凍庫約冰凍2小時，備用

4　取出凝固的做法3，依喜好平均切成數等份後，再依序沾上適量的麵粉、蛋液和麵包粉，備用

5　取一鍋，放入適當的油，燒熱後，將作法4的奶汁玉米可樂餅放入油鍋中，以中小火油炸至金黃色，撈起瀝乾油份，即完成

※ 小小米桶的貼心建議

- 玉米奶油醬放入冷凍庫後約等2～3小時，即可取出分切小塊，若冰凍過久則
  會變得比較難切喔。或是直接將玉米奶油醬放入製冰盒中冷凍成小塊狀

- 可以一次多做點，等冷凍變硬後分切小塊，再放回冷庫冰凍保存，之後要吃
  時再取出來炸即可

- 入鍋油炸時，油溫不可過高，以免外皮炸金黃了，而內部還是冰凍的狀態

✱ 小小米桶的貼心建議

● 培根可以替換成火腿、帶有鹹味的鮭魚、或是各種海鮮類

● 義大利麵要煮得好吃的重點

1 煮麵水的份量一定要夠,所以鍋子盡量選擇深鍋

2 火力要維持大火,即使麵條放下去,溫度也不會降低

3 煮麵的過程中不可以再加入冷水,這樣做也是避免溫度下降喔

4 可在煮麵時加點鹽、油,或是放入一塊高湯塊

材料

義大利寬麵	2人份 (約180g)
培根	90g
洋蔥	1/2個
蒜頭	6瓣
小乾辣椒	6根
奶油白醬(B)	2杯

鹽	適量
粗黑胡椒粉	少許
巴西利碎 (Parsley)	少許
橄欖油	適量
起司粉	適量

做法

1 將培根切成片狀;洋蔥去膜洗淨切絲;蒜頭去膜洗淨切片;小乾辣椒切小段,備用

2 煮一鍋滾水加入1小匙鹽與橄欖油,再加入義大利麵煮至8分熟,撈起瀝乾水份,拌入適量的橄欖油,備用

3 熱鍋,放入適量的橄欖油,將蒜片、辣椒爆出香味後,再加入培根炒至培根白色部份變透明時,加入洋蔥絲炒至洋蔥變軟後,再加入奶油白醬以小火煮滾

4 將做法2的義大利麵放入做法3的鍋中拌勻,並加入適量的鹽調味,起鍋前撒上巴西利碎與粗黑胡椒粉拌勻,即可盛入盤中,最後撒上起司粉,即完成

 2人份

 準備 6分鐘

烹煮 20分鐘

奶油培根義大利麵

奶油培根義大利麵所用的食材很簡單,製作的步驟也不容易出錯,可以說是義大利麵中最不易失敗的一種。喜歡吃義大利麵的朋友,一定要試試這道簡單又美味的奶油培根義大利麵。

奶油馬鈴薯

馬鈴薯的法文 pomme de terre 意思是：『地裡的蘋果』形容的真是貼切啊！它的營養價值高，可以當主食也能當配菜。這道奶油馬鈴薯有著濃濃的奶味，以及培根的鹹香，好吃又具營養。

材料

奶油白醬(A) 1/2杯
馬鈴薯 .2顆 (約400g)
培根...................3片
冷凍青豆........3大匙
清水 120ml
鹽.....................少許
黑胡椒粉...........少許

做法

1 冷凍青豆放入滾水中汆燙，撈起備用；培根切碎；馬鈴薯洗淨去皮、切大塊，備用

2 取一鍋，燒熱後放入培根碎炒至金黃酥香後盛起，備用

3 再接著以原鍋放入做法1的馬鈴薯塊煎出香味後，加入120ml的清水，蓋上鍋蓋小火燜煮約10分鐘後，加入 奶油白醬、做法1的青豆、與做法2的培根，拌勻煮至滾，最後再加入鹽與黑胡椒粉調整鹹度，即完成

✳ 小小米桶的貼心建議
培根已經具有鹹度，所以鹽要依情況的調整用量

材料

去骨雞腿肉	350g
南瓜	300g
洋蔥	1個
紅蘿蔔	1/2根
蘑菇	100g
綠花椰菜	70g
高湯	200ml
白葡萄酒	100ml
奶油白醬(A)	1又1/2杯
鹽	適量
黑胡椒粉	適量

做法

1 將雞肉切約3公分的塊狀；南瓜用刷子將外皮輕刷至乾淨，連皮切約2.5公分的塊狀；洋蔥去膜洗淨切塊；紅蘿蔔洗淨去皮切滾刀塊；蘑菇洗淨切對半；綠花椰菜切小朵洗淨後，放入滾水中汆燙，撈起泡入冷開水中，備用

2 雞肉撒上少許的鹽與黑胡椒粉拌勻後，放入熱油鍋中煎至7分熟，盛起移入湯鍋中，備用

3 再用原鍋將做法1的南瓜、洋蔥、紅蘿蔔炒出香味後，盛起移入做法2的湯鍋中，加入高湯與白葡萄酒，蓋上鍋蓋小火燜煮約15分鐘

4 將做法1的蘑菇、奶油白醬放入做法3的湯鍋中拌勻，並續煮約5分鐘

5 最後 加入做法1瀝乾水份的綠花椰菜、適量的鹽、黑胡椒粉拌勻，即完成

6人份　準備15分鐘　烹煮30分鐘

和風
奶油燉菜

奶油燉菜可說是日本的國民美食，將蔬菜與去骨雞腿肉用奶油醬燉煮到洋蔥化掉，讓整鍋湯充滿蔬菜與雞肉的鮮甜，尤其是在冷冷的天氣裡吃著濃郁奶香的燉菜，就是幸福。

✳ 小小米桶的貼心建議

- 可以將雞肉替換成綜合海鮮，比如：蝦、花枝、蛤蜊、螃蟹、魚肉....等
- 根莖蔬菜可以自由變化，比如：馬鈴薯、地瓜、或是各種菇類
- 根莖蔬菜在燉煮的時候會持續出水，所以一開始湯水勿加過多，以免燉完之後就成了一鍋湯囉

萬用昆布汁

萬用昆布汁在日本料理中不管是燉菜、煮湯、甚至是涼拌菜等，都能應用的上，
想要做出道地又美味的日本料理，一定要先學習如何做出昆布汁喔。

材料（成品總量約：1000ml）

昆布 15公分
柴魚片 20g
水 1000ml

做法

昆布用擰乾的濕紗布擦去雜質，放入鍋中加入1000ml
的水泡約30分鐘後，以中小火加熱，慢慢煮至快沸騰
時，將昆布取出，轉小火，加入柴魚片續煮約30秒，
熄火後等待柴魚片完全沈入鍋底，再以舖有紗布的
篩網過濾，即完成

小米桶的貼心建議

● 昆布表面的白霜是其營養所在，
因此烹煮時不需以水清洗，只要用
濕布將表面的雜質擦去即可

● 過濾時不要擠壓留在紗布上的柴
魚片，以免湯汁產生腥味與混濁，
而影響整體風味

萬用昆布汁的美味關鍵

● 柴魚片勿在鍋中浸泡過久，以避
免柴魚片釋出苦味

保存方法

將冷卻後的萬用昆布汁倒入製冰盒
中冰凍起來，再裝入保鮮袋中，可
冷凍保存約1個月。或是裝入密閉的
瓶中可冷藏保存3天

萬用昆布汁的應用

● 味噌湯 --- 將萬用昆布汁、味噌、
豆腐煮至滾，起鍋前撒上蔥花，
即可

● 日式蛋捲 --- 將蛋液加入適量的萬
用昆布汁拌勻後入鍋煎成蛋捲，
即可

● 高麗菜煮竹輪 --- 將萬用昆布汁、
高麗菜、竹輪、少許醬油、味醂放
入鍋中煮至菜熟軟，即可

● 蕎麥涼麵 --- 將萬用昆布汁、醬
油、味醂煮滾放涼後成為醬汁，再
加入白蘿蔔泥、芥末、蔥花，並與
蕎麥麵一起食用，即可

● 親子丼 --- 將萬用昆布汁、雞肉、
洋蔥、蔥段、醬油、味醂放入鍋中
煮至肉熟，再加入蛋液燜熟後淋在
飯上，即可

蛋液材料

萬用昆布汁	450ml
雞蛋	3個
米酒	2大匙
醬油	1/4小匙
鹽	少許

配料

鮮蝦仁	3尾
香菇	3朵
去骨雞腿肉	1/2隻
燙菠菜	少許

調味料

米酒	2大匙
糖	1/2小匙
醬油	2小匙

做法

1 將去骨雞腿肉切小塊；香菇
泡軟；蝦仁去腸泥。鍋中加
入半碗水，倒入調味料煮滾
後，加入雞肉、香菇煮至肉
熟後，再加入蝦仁，即可熄
火，並撈起備用

2 將雞蛋打散，拌入其餘蛋液
材料並混合均勻後，過篩
2次濾掉雜質，備用

3 取3個蒸碗，將作法2的蛋液
倒入蒸碗中(先倒入半碗的
量)，蓋上鍋蓋蒸5分鐘後，
打開鍋蓋，將雞肉、香菇、
蝦仁放入碗中，再倒入蛋
液，蓋上鍋蓋，轉小火繼續
蒸8分鐘，取出放上燙菠菜
做裝飾，即完成

茶碗蒸

3人份　準備15分鐘　烹煮15分鐘

我一直覺得越是平實簡單的料理越難烹調，如同要蒸出細滑水嫩的
茶碗蒸，除了蒸的過程中要控制好火候，以避免產生孔洞，更要掌握
好高湯和蛋的比例。

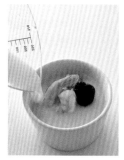

揚出豆腐

我第一次知道揚出豆腐的時候，覺得這豆腐的名字好優雅喔，等上桌時才恍然大悟，原來是炸豆腐，不過可千萬別小看這豆腐喔！因為豆腐外皮吸滿了混著白蘿蔔泥的醬汁，讓人吃過就愛上它。

材料

嫩豆腐	1盒
白蘿蔔	1/4根
青蔥	1根
蛋	1個
太白粉	適量
柴魚片	適量

醬汁

萬用昆布汁	150ml
米酒	3大匙
味醂	2大匙
醬油	3大匙

做法

1. 豆腐用廚房紙巾包裹約10分鐘，以吸除水份(中途換一次紙巾)，再切成方塊狀

2. 白蘿蔔磨成泥狀並擠去水份；蔥切成細絲後，用冰水泡約2分鐘，取出瀝乾水份；雞蛋打散成蛋液，備用

3. 將醬汁所有材料放入鍋中煮滾，即為豆腐醬汁，備用

4. 將豆腐沾上蛋液，再均勻裹上薄薄的一層太白粉，靜置約1～2分鐘，讓豆腐表面的粉濕潤後，再放入熱油鍋中，以高溫快速炸酥，撈起瀝乾油份

5. 將炸好的豆腐放入碗碟中，從旁淋入做法3的醬汁，再放上蘿蔔泥及蔥絲，最後在豆腐表面撒上柴魚片，即完成

✱ 小小米桶的貼心建議

- 豆腐裹上粉再用手輕拍，將多餘的粉拍掉，炸好的豆腐才會皮薄內嫩，並且裹上粉後，請靜置約1～2分鐘，讓豆腐表面的粉濕潤，這樣在下油鍋炸的時候，就不怕粉脫落
- 炸豆腐時要用高溫大火快速炸酥，如果用低溫小火，豆腐反而會在炸的過程中，吸入大量油脂

> ✳ 小小米桶的貼心建議
> - 白蘿蔔事先用滾水汆燙過，可以去除白蘿蔔的腥臭味
> - 瓢乾就是乾燥的葫蘆乾，可以在日系百貨公司超市，或是素食材料店購得
> - 可以將製作昆布萬用汁剩下的昆布，再次利用的做成昆布結，或是直接於日系百貨公司超市，或是素食材料店購得現成的昆布結
> - 除了白蘿蔔之外，也可以增加其他的根莖類蔬菜，比如：竹筍、牛蒡、馬鈴薯、紅蘿蔔....等等

(4人份) (準備 15分鐘) (烹煮 10分鐘)

蒟蒻昆布白蘿蔔煮

日式料理中我最喜愛的就是煮物了，只要將食材通通丟入鍋裡煮熟就行，做法雖然簡單，美味卻依舊不減，而且清爽不油膩，更符合飲食健康喔。

材料

萬用昆布汁 300ml
白蘿蔔 1/2根
蒟蒻.....................1包
昆布 12小片
(每片約為寬3公分，
長5公分)
瓢乾 12小條

調味料

醬油 3大匙
味醂 1大匙
鹽 ....少許

做法

1 白蘿蔔去皮洗淨切大塊，放入滾水中汆燙過後，撈起備用

2 瓢乾洗淨；昆布用擰乾的濕紗布擦去雜質，放入水中泡軟撈起瀝去水份，再分別捲起並用瓢乾綁緊，即為昆布結，備用

3 蒟蒻切成1公分厚片，用刀從中間切開(頭尾要各留1公分不切斷)將一端往切開處翻扭成花，再放入滾水中汆燙後，撈起備用

4 將白蘿蔔、昆布結、蒟蒻放入鍋中，加入昆布萬用汁、所有調味料，大火煮滾，轉小火煮至白蘿蔔熟軟入味，即完成

在國外可以選擇的蔬菜真的很有限，我只好常常買南瓜回家變化出各種較具中式口味的料理或小吃點心，這道南瓜雞肉煮添加了醬油，所以口感是鮮甜中又帶點醬油的甘鹹香。

4人份　**準備 10分鐘**　**烹煮 20分鐘**

和風南瓜雞肉煮

材料

萬用昆布汁.....400ml
去骨雞腿肉 300g
南瓜 250g
四季豆...............30g
薑 1片

調味料

醬油........1又1/2大匙
米酒 2大匙
味醂 2大匙

做法

1 將雞肉切約3公分的塊狀；南瓜用刷子將外皮輕刷至乾淨，連皮切約2.5公分的塊狀；四季豆洗淨瀝乾，去頭尾及兩側粗筋並切成2.5公分段長，放入滾水中汆燙至變為翠綠色，撈起瀝乾水份，備用

2 將南瓜、薑片、萬用昆布汁、調味料，放入鍋中煮滾後，轉小火煮約10分鐘，再加入雞肉，蓋上鍋蓋小火燜煮至肉熟，最後再加入燙好的四季豆，即完成

＊ 小小米桶的貼心建議

● 這是一道家常的日式煮物，也可以不放雞肉，直接用南瓜單煮成南瓜佃煮

● 南瓜建議使用橘色外皮或綠色外皮的日本小南瓜，這種南瓜含水量較少、口感較粉糯，且經過燜煮後還能保持塊狀的外型，不會因為含水量過多，一煮就化成湯汁了

● 四季豆可替換成荷蘭豆或是甜豆

關東煮

說到關東煮我永遠記得2007年韓國的除夕夜，周圍鄰居都回鄉過節了，只有老爺跟我在冷清的公寓裡，圍著一鍋熱呼呼的關東煮，倆人滿足的吃著，而窗外卻一直不停的下著雪。

湯底材料

萬用昆布汁	800ml
洋蔥	1/3個
蔥白	1支
蝦米	1小匙
蒜頭	2～3瓣
胡椒粒(黑白皆可)	約5粒
紅辣椒	1根

調味料

醬油	2大匙
味醂	1小匙
白胡椒粉	適量
鹽	適量

煮物

白蘿蔔	1/2根
蒟蒻	1/2塊
竹輪	2根
黑輪條	2根
魚豆腐	2塊
黃金魚丸	4個
魚板	2片
卵福袋	2個

卵福袋

做法

1 將湯底材料放入鍋中，大火煮滾轉小火慢煮約20分鐘後，過濾湯渣，即為湯底，備用

2 白蘿蔔去皮洗淨切大塊，放入滾水中汆燙過後，撈起備用

3 蒟蒻切成1.5公分塊狀，放入滾水中汆燙過後，撈起備用

4 將竹輪、黑輪條、魚豆腐、黃金魚丸、魚板、福袋，放入滾水中汆燙過後，撈起備用

5 取一鍋，加入湯底與做法2的白蘿蔔，煮至白蘿蔔呈現透明狀後，再將其餘的煮物放入鍋中續煮至滾，並加入調味料調味，即完成

自製卵福袋

材料

日式油揚3塊、瓢乾3小段、雞蛋3顆

做法

1 將油揚燙軟，用刀切開一端成為袋子狀

2 裝入雞蛋，用瓢乾綁緊，放入鍋中煮熟，即為卵福袋

小小米桶的貼心建議

● 煮物可以依喜好自由搭配，比如：貢丸、豬血糕、油豆腐、高麗菜卷、水煮蛋....等等

● 白蘿蔔事先用滾水汆燙過，可以去除白蘿蔔的腥臭味，而油炸類的煮物也要汆燙過，以去除油耗味

● 也可將魚丸、貢丸之類的用竹籤串成串後放入鍋中煮

● 建議甜不辣類的煮物勿煮過久，否則味道都給煮掉了，而且會軟軟的沒有口感喔

黑胡椒醬

又濃又辣屬於重口味的黑胡椒醬，不管是西式料理還是中式料理都能變化應用，是一種非常好入菜的醬料喔。

材料（成品總量約：600ml）

蒜末	2大匙
洋蔥末	2大匙
黑胡椒粗粒	3大匙
玉米粉	1小匙
奶油	1大匙
動物性鮮奶油	1大匙

調味料

A1牛排醬	5大匙
梅林辣醬油	3大匙
醬油	2大匙
番茄醬	1大匙
紅酒	2大匙
(威士忌、米酒亦可)	
糖	1大匙
水	250ml

做法

1. 取一深鍋，放入奶油以小火煮至融化，放入蒜末、洋蔥末炒香
2. 將黑胡椒粗粒放入鍋中，以小火稍微拌炒出香味後，加入所有調味料熬煮約10分鐘
3. 將玉米粉和水攪拌均勻，倒入作法2的鍋中勾芡，再倒入動物性鮮奶油拌勻並煮至滾，即完成

小米桶的貼心建議

● 醬汁要用玉米粉勾芡，如果用太白粉勾芡，等冷卻之後又會再度化成水狀
● 加入少許的動物性鮮奶油，可以舒緩辣味，讓黑胡椒醬更加順口
● 製作完成的黑胡椒醬放隔夜之後更具風味，拿來做沾醬、拌麵、燒烤、快炒，皆適宜

黑胡椒醬的美味關鍵

● 粗顆粒黑胡椒粉不適合大火久炒，只要用小火炒出香味即可，炒太久容易產生苦味

保存方法

將製作完成的黑胡椒醬放置完全冷卻後，分小份裝入夾鍊袋，或是盛入製冰盒中凍成黑胡椒醬塊，可冰凍保存1～2個月。若是存放於冰箱冷藏區，則要盡快於1週內食用完畢

黑胡椒醬的應用

● 青椒炒豬肉 --- 將豬肉用醬油、太白粉醃漬後，先入鍋炒，再放入青椒炒熟再加入黑胡椒醬調味，即可
● 黑胡椒螃蟹 --- 將洋蔥炒出香味後，加入炸熟的螃蟹與黑胡椒醬翻炒均勻，即可
● 黑胡椒蝦 --- 將鮮蝦入鍋煎熟後，再加入黑胡椒醬翻炒均勻，即可
● 黑胡椒雞柳 --- 將雞肉用醬油、太白粉醃漬後，先入鍋炒，再放入洋蔥絲炒熟再加入黑胡椒醬調味，即可
● 黑胡椒杏鮑菇 --- 將杏鮑菇切片後入鍋煎熟，再加入黑胡椒醬調味，即可

4人份   **準備 60分鐘**   **烹煮 8分鐘**

黑椒 炒牛柳

只需要掌握幾個重點，就能輕鬆炒出滑嫩的牛肉喔！(一)選擇牛里肌，並以逆紋切肉(二)醃牛肉時避免用鹽，並且加入適量的油(三)先將配料炒熟，再用原鍋趁熱快炒牛肉。

材料

牛肉	400g
洋蔥	1/2個
黑胡椒醬	4大匙

牛肉醃料

米酒	1大匙
糖	1/2小匙
醬油	1大匙
香油	1大匙
蛋白	1顆
太白粉	1小匙

做法

1 洋蔥去膜洗淨後切絲；牛肉洗淨後切成約筷子寬、4公分長的條狀，先加入米酒、糖拌抓1分鐘，再加醬油、香油拌勻，再加入蛋白與太白粉抓拌1分鐘後，放入冰箱冷藏約1小時，備用

2 熱油鍋，放入洋蔥炒至半透明，盛起備用

3 以原鍋再加入適量的油燒熱，放入牛肉大火炒至變色，再加入做法2的洋蔥與黑胡椒醬，快速翻炒均勻，即完成

 小小米桶的貼心建議

● 炒出鮮嫩牛肉的秘訣

1. 烹調牛肉時不同部位的牛肉要選擇適當的烹飪方式，如 肉質較嫩的菲力、沙朗、牛小排，適用燒、烤、煎、炒。肉質較堅韌的牛腩、牛腱，則適用於燉、煮

2. 牛肉的纖維粗且韌，所以切牛肉時要『逆絲切』，以破壞牛肉紋路

3. 牛肉喜甜厭鹹，在醃牛肉時忌放鹽，而且醃料中除了調味料之外，最重要的是要加點油或是水，並不斷的輕抓牛肉，使其慢慢吸收

4. 牛肉下鍋炒的時間不可過久，且火侯要大，才能迅速鎖住肉汁，保持鮮嫩

| 4人份 | 準備 24小時 | 烹煮 25分鐘 |

香烤黑胡椒豬肋

烤肋排一直是許多人愛吃的西式料理，在餐廳點一客價格還挺貴的，想自己在家自製又怕難度太高，現在不用擔心囉！只要學會黑胡椒醬以及抓住烤肋排的秘訣，在家也可做出美味的香烤肋排喔！

材料

豬肋排 1000g
黑胡椒醬 1杯

滷料

洋蔥 1/4個
蔥白 1支
蒜頭 3瓣
薑 3片
黑胡椒粒 1小匙
水 ....適量

做法

1 將肋排放入滾水中氽燙後撈起洗淨，再放入湯鍋中加入滷料，大火煮滾轉小火煮約30分鐘後，取出放涼，備用

2 將做法1的肋排均勻抹上黑胡椒醬，並用保鮮盒密封好，放入冰箱冷藏醃約1天，備用

3 隔天，將做法2的肋排排於烤盤上，送入已經預熱的烤箱，以攝氏200度烤約10分鐘，打開烤箱，抹上黑胡椒醬，翻面續烤約10分鐘後，再翻回正面抹上黑胡椒醬，續烤約3分鐘，即完成

* 小小米桶的貼心建議
● 肋排先用滷料煮熟後再放入烤箱烤，除了可確保肋排熟透之外，還能縮短烘烤的時間，讓肋排保持鮮嫩多汁喔
● 滷煮肋排的水量不用過多，約可蓋過肋排即可，煮好的湯汁還可做為高湯用

4人份　準備5分鐘　烹煮20分鐘

黑胡椒肉醬麵

中學的時候最期待的就是週六下課，跟幾個要好同學到平價牛排館吃飯，那時我們還是學生，只能點最便宜的鐵板肉醬麵，燙的發出滋滋響的鐵板，盛著香辣的肉醬麵與半熟的荷包蛋，雖然簡單，卻令人回味。

材料

豬絞肉	350g
洋蔥末	100g
黑胡椒醬	1杯
水	1杯
義大利螺旋麵	4人份

配菜

燙綠花椰菜	適量
荷包蛋	4個

做法

1 熱油鍋，將豬絞肉放入鍋中炒至變色後，放入洋蔥末炒至洋蔥略變透明，再加入1杯水與黑胡椒醬拌勻，蓋上鍋蓋小火燜煮至肉入味，即為黑胡椒肉醬，備用

2 煮一鍋滾水，加入1小匙鹽與橄欖油，再加入義大利螺旋麵煮至8分熟，撈起瀝乾水份後，拌入做法1的黑胡椒肉醬，盛於盤中擺上荷包蛋與燙熟的綠花椰菜，即完成

> ✱ 小小米桶的貼心建議
> ● 義大利螺旋麵可以替換成其他種類的義大利麵
> ● 也可以將盛盤的容器替換成燒熱的鐵板，即為黑胡椒鐵板麵

6人份　準備55分鐘　烹煮10分鐘

黑椒肉末蔥燒餅

口味重的黑胡椒醬也可以變化出不同的中式點心，比如這道黑椒肉末蔥燒餅，酥香的多層餅皮混著香辣的黑胡椒醬，與濃郁的青蔥香，好吃的讓人一口接著一口。

材料A

豬絞肉 300g
洋蔥末 100g
黑胡椒醬 4大匙

材料B

中筋麵粉 3杯
滾水 1杯
冷水 1/2杯
鹽 1/2小匙

材料C

蔥花 1碗 (約90g)
香油 ....適量
鹽 ....適量
黑胡椒粉 ....適量

做法

1 熱油鍋，將豬絞肉放入鍋中炒至變色後，放入洋蔥末炒至肉熟，再加入黑胡椒醬拌炒均勻，盛起放涼，即為黑胡椒肉餡，備用

2 將中筋麵粉、鹽放入盆中混合均勻，邊倒入滾水，邊以筷子或擀麵棍攪拌成雪片狀，等溫度稍微降下後，用手邊揉邊視情況的加入冷水直到成麵糰，再用雙手揉至表面光滑後，蓋上乾淨的濕布或保鮮膜，醒麵約30分鐘，備用

3 將做法2的麵糰均分成4份，各擀成厚約0.3公分的長方型麵皮，於每一份麵皮表面塗上香油後，依序撒上少許鹽、黑胡椒粉、做法1的黑胡椒肉餡、蔥花，再捲成圓筒狀並均切成6等份，再用手輕壓成小圓餅狀，重復相同動做至每份麵皮製作完畢，備用

4 平底鍋燒熱後，加入約1大匙沙拉油，放入做法3的生麵餅，以小火煎至兩面金黃，即完成

* 小小米桶的貼心建議

- 不同品牌的麵粉，吸水性也會不相同，所以勿將冷水一次性加入，而是要邊揉邊視情況的加入冷水，且揉好的麵糰約比耳垂要軟一些即可

- 麵粉沖入滾水成雪片狀後，要等降溫不燙手時，才可開始用手揉成糰，否則很容易燙傷手喔

- 肉末蔥燒餅可以一次多做一些，可將未煎過的生麵餅各別的用保鮮膜包裹好放入冷凍庫冰凍保存，日後想吃的時候，不用解凍直接入鍋煎熟即可

黑胡椒雞肉串

很多人都不喜吃雞胸肉，覺得又乾、又澀，口感不好，其實只要在烹煮雞胸肉前，在醃料中加入少許太白粉與炒菜油，雞胸肉吃起來就會滑嫩多汁，一點也都不乾澀喔！

材料

雞胸肉.............350g
(去骨雞腿肉亦可)
青蔥.............3～4根
竹籤.................適量

雞肉醃料

黑胡椒醬.........3大匙
米酒...............1小匙
太白粉.........1/2小匙

做法

1 青蔥洗淨切成2.5公分長的蔥段；雞肉洗淨用廚房紙巾擦乾水份後，切成2.5公分的方塊狀，備用

2 將雞肉放入大碗中加入米酒拌勻，再加入黑胡椒醬醃拌約5分鐘後，再加入太白粉混合均勻，備用

3 將做法1的蔥段和做法2的雞肉，以竹籤分別串起

4 平底鍋放入適量的油燒熱，將做法3的雞肉串放入鍋中，以小火煎至熟後，盛於盤中，食用時搭配黑胡椒醬，即可

✳ 小小米桶的貼心建議

● 醃雞肉時先加入米酒與黑胡椒醬，讓雞肉吸收後，再拌入太白粉，這樣雞肉會充份的入味喔

● 料理雞胸肉的時候，只要在醃料中加入太白粉，雞胸肉吃起來的口感就會滑嫩多汁，一點也都不乾澀

泰式甜辣醬

泰式甜辣醬吃起來是酸酸甜甜，又帶一點點的辣味。除了可以直接沾醬食用之外，更可以混搭做為菜餚的調味料喔。

材料 （成品總量約：600ml）

朝天椒 3根	魚露 3大匙
紅辣椒 1根	紅椒粉 1小匙
蒜末 2大匙	水 1杯
椰子糖 1杯	玉米粉 1大匙
米醋 1/2杯	

做法

1 將蒜頭、紅辣椒切碎 (用調理機打碎亦可)，玉米粉加入2大匙的水拌勻成玉米粉水，備用

2 取一鍋，放入蒜末、辣椒末、椰子糖、米醋、紅椒粉及水，以小火煮約10分鐘後，加入魚露，並以做法1的玉米粉水勾芡，即完成

小米桶的貼心建議

● 如果怕辣，可以將朝天椒替代成普通的辣椒

泰式甜辣醬的美味關鍵

● 醬汁要用玉米粉勾芡，如果用太白粉勾芡，等冷卻之後又會再度化成水狀

保存方法

將製作完成的泰式甜辣醬趁熱放入玻璃瓶內，蓋上瓶蓋，等完成冷卻後放入冰箱，可以冷藏2星期

泰式甜辣醬的應用

● 沾醬 --- 將各式炸物直接蘸著甜辣醬食用，即可

● 泰味炒飯 --- 將喜愛的配料加上鳳梨丁炒熟後，拌入米飯，再加泰式甜辣醬調味翻炒均勻，即可

● 泰醬炒西芹雞柳 --- 將雞用醬油、太白粉醃漬後入鍋炒，再放入西芹、甜辣醬翻炒均勻，即可

● 泰醬炒中卷 --- 將蒜末、薑末、辣椒末炒香後放入燙過的中卷炒勻，再放甜辣醬調味，即可

食材小百科

椰子糖

泰式料理一般多用椰子糖調味，如果購買不易，可用砂糖替代

● 泰味乾煎蝦 --- 將鮮蝦煎約8分熟盛起，以原鍋將蒜末、薑末、辣椒末炒香後放入鮮蝦，再放甜辣醬翻炒均勻，即可

4人份　準備15分鐘　烹煮10分鐘

腰果炒雞丁

腰果一直是深受大家喜愛的堅果類，平時除了能當小零嘴食用之外，更可以拿來入菜，比如：這道泰式風味的腰果炒雞丁，肉嫩鹹香、腰果酥脆，不但下飯還很適合做下酒菜喔！

材料

去骨雞腿肉	200g
洋蔥	40g
青椒	30g
紅甜椒	30g
黃甜椒	30g
荸薺	5個
青蔥	2枝
乾辣椒	3根
薑片	2片
腰果	40g

雞肉醃料

魚露	1小匙
米酒	1大匙
太白粉	1小匙

調味料

泰式甜辣醬	2大匙
醬油	1小匙
蠔油	1小匙
米酒	1小匙
香油	1/2小匙

做法

1 將雞胸肉用刀稍微拍鬆後，再用刀輕劃出十字花刀，再將雞肉切成塊狀後，加入醃料拌醃約10分鐘，備用

2 洋蔥、青椒、紅甜椒、黃甜椒切成塊狀；荸薺去皮切片；青蔥切段；薑切片；調味料預先拌勻，備用

3 熱鍋，放入適量的油，將雞肉入鍋煎熟後，取出備用

4 以原鍋將薑片、乾辣椒爆香後，加入洋蔥、青椒、紅甜椒、黃甜椒、荸薺，翻炒均勻

5 再放入做法3的雞肉與事先調好的調味料，拌炒均勻，起鍋前 放入蔥段與腰果，即完成

泰式涼拌海鮮

熱辣辣的夏天，讓人吃不下飯，此時可以來一道酸辣口味的泰式涼拌海鮮，開胃又不油膩，讓人一口接一口，低熱量不怕胖的清爽開胃涼拌料理喔！

材料

中卷 1隻
草蝦 10隻
蛤蜊 10個
洋蔥 1/2個
芹菜 5根
小番茄.........................6粒
香菜.........................少許

調味料

泰式甜辣醬..........4大匙
魚露.....................1大匙
檸檬 1個
辣椒粉 1/2小匙

做法

1 洋蔥去膜洗淨後橫切薄片，放入冰水中冰鎮約5分鐘，撈起瀝乾水分，備用

2 芹菜切段；小番茄對半切開；香菜切小段；檸檬榨汁，備用

3 將中卷去膜洗淨，於內側切花；草蝦去殼、去腸線洗淨；再將中卷與草蝦放入滾水中，燙熟後過冰水，瀝乾水分，備用

4 蛤蜊事先吐沙，放入滾水中，燙至殼開後過冰水，瀝乾水分，取出蛤肉，備用

5 將所有材料置於大碗內，放入所有調味料拌勻，即完成

> ✳ 小小米桶的貼心建議
> ● 蛤蜊可以用各式貝類替換
> ● 洋蔥放入冰水中能去除辛辣味，而海鮮燙熟過冰水，可以增加爽脆口感
> ● 可以視個人的口味喜好，調整魚露、檸檬汁、辣椒粉的用量

泰式風味烤雞腿

2人份　準備24小時　烹煮40分鐘

運用泰式甜辣醬、魚露、椰漿、及辛香料調製而成的烤肉醬，很能營造出不一樣的烤雞口味。喜歡椰奶的朋友們，一定要試試這道風味特殊的泰式烤雞腿。

材料

大骨腿	2隻
馬鈴薯	2個
紅蘿蔔	1根

醃料

泰式甜辣醬	2大匙
魚露	3大匙
胡椒粉	少許
咖哩粉	1小匙
椰漿	80ml
紅蔥頭末	1小匙
蒜末	1小匙
薑末	1小匙
香菜梗碎末	1小匙

烤醬

泰式甜辣醬	適量

做法

1 將所有醃料拌勻後平均塗抹在大骨腿上，密封好再放入冰箱冷藏冰醃一個晚上

2 馬鈴薯、紅蘿蔔去皮洗淨切大塊後，平舖於烤盤內，備用

3 將醃好的大骨腿取出，抹去表面的醃料，以皮朝上的方式放入舖有馬鈴薯與紅蘿蔔的烤盤內，放入已經預好熱的烤箱，以攝氏200度烤約30分鐘，再塗上泰式甜辣醬，回烤3分鐘後，將雞腿、馬鈴薯與紅蘿蔔，取出排盤

4 將剩餘的雞腿醃料放入鍋中煮滾成為沾醬，搭配烤雞腿食用，即完成

> ✻ 小小米桶的貼心建議
> ● 可將雞腿替換成半雞
> ● 醃雞腿時可在雞腿內側用刀輕劃開，除了能幫助入味，也能使雞腿內部較易烤熟

4人份　 準備20分鐘　烹煮10分鐘

泰式香魚塊

泰式甜辣醬吃起來是酸酸甜甜，如：煎、煮、烤、蒸、炸、炒等各式烹飪皆可應用，尤其是用來製作糖醋魚非常的方便又好吃，而且還帶有泰式風味的辣感。

材料
去骨魚肉 250g
蛋 1個
地瓜粉 ....適量

魚肉醃料
魚露 2小匙
米酒 1大匙
咖哩粉 2小匙
胡椒粉 ....少許

調味料
泰式甜辣醬 4大匙
蒜末 1大匙
薑末 1大匙
蔥花 2大匙
檸檬(擠汁) 1/2個

做法

1 將去骨魚肉切成約2.5公分的塊狀，加入所以醃料拌勻，再加入雞蛋拌勻，醃放15分鐘後，再均勻沾裹上地瓜粉，備用

2 取一鍋，倒入適量的油，燒至中高溫，將做法1的魚塊放入鍋中，先炸至定型，再撥動炸至熟透、浮起後，撈起瀝乾油份

3 另取一炒鍋，熱鍋後加入少許油，放入蒜末、薑末炒至香味溢出，加入泰式甜辣醬與檸檬汁拌炒均勻，再放入炸好的魚塊與蔥花快速拌勻，即完成

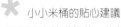 ✱ 小小米桶的貼心建議
- 魚肉沾裹地瓜粉後，先靜置約幾分鐘使粉濕潤，再入鍋油炸，這樣就不會在炸的過程中造成地瓜粉脫落
- 魚肉很容易熟，因此只需以高溫快炸的方式炸熟，即能保持魚肉的鮮嫩
- 可以選用口徑較小的湯鍋做為炸鍋，以減少用油量，而油炸過的剩油，建議不再用來二度油炸，可以等完全冷卻後，用網篩墊一張廚房紙巾過濾雜質，再裝入另外一個瓶中（勿新油混舊油）放入冰箱保存，並於短期內儘快用於煎炒，以避免油質發生劣變

泰式酸甜雞翅腿

泰式酸甜雞翅腿是一道大人、小孩都會喜歡的雞肉料理，將外皮炸到酥脆的雞翅腿，拌入酸甜微辣的泰式甜辣醬，非常的惹味可口，讓人一隻接著一隻的停不了口。

材料

雞翅腿	10支
雞蛋	1個
麵粉	適量

雞翅腿醃料

醬油	2大匙
蒜末	1小匙
米酒	1大匙
胡椒粉	少許

調味料

泰式甜辣醬	5大匙
蒜末	1大匙
薑末	1大匙
蔥花	2大匙
檸檬(擠汁)	1個

做法

1. 將雞翅腿加入醃料拌醃約30分鐘後，打入一顆雞蛋拌勻，再均勻沾裹上麵粉，備用

2. 取一鍋，倒入適量的油，燒至中高溫，將做法1的翅雞腿放入鍋中，炸約6分鐘後，取出瀝乾油份

3. 另取一炒鍋，熱鍋後加入少許油，放入蒜末、薑末炒至香味溢出，加入泰式甜辣醬與檸檬汁拌炒均勻，再放入炸好的翅雞腿與蔥花快速拌勻，即完成

※ 小小米桶的貼心建議

- 雞翅腿沾裹麵粉後，先靜置約幾分鐘使粉濕潤，再入鍋油炸，這樣就不會在炸的過程中造成麵粉脫落

- 炸雞翅腿下油鍋炸時先以中火炸至表面微微變黃，才將爐火轉成大火使油溫升高，再續炸至金黃色，可以防止雞翅腿表面過快炸焦，而內部還未熟透

- 可以選用口徑較小的湯鍋做為炸鍋，以減少用油量，而油炸過的剩油，建議不再用來二度油炸，可以等完全冷卻後，用網篩墊一張廚房紙巾過濾雜質，再裝入瓶中放入冰箱保存，並於短期內儘快用於煎炒，以避免油質發生劣變

照燒醬

深受大人與小孩喜愛的和風甜味醬汁，不管是豬肉、牛肉、雞肉、魚肉，甚至
於蔬菜都很適合用照燒醬來料理烹煮喔。

材料（成品總量約：500ml）

醬油 1杯
味醂 1杯
黑糖 5大匙

做法

將所有材料放入鍋中煮滾後，轉小火煮10分鐘至濃
稠，即完成

食材小百科
味醂
是一種甜味酒，在日式
料理中佔有舉足輕重的
地位，能讓食物增加光
澤度，也可以讓食材在
燜煮過後，還能完整的
保持形狀不鬆散開來喔

小米桶的貼心建議

● 黑糖可替換成紅糖或是砂糖
● 在熬煮的同時，可以加入1～2片
的薑，以增加不同的風味。或是在
熄火前加入少許的醋，吊出鮮味。
或是改放約15g的柴魚片，等待柴魚
片完全沈入鍋，再用篩網過濾去除
● 若是不喜歡甜味重的照燒醬，可
將味醂的份量減至半杯，並再加入
半杯的日本清酒或是米酒 (勿使用帶
有鹹味的料理米酒)

照燒醬的美味關鍵

● 黑糖可以讓照燒醬產生濃厚的美
麗醬色，還能增加照燒醬特殊的
焦糖香味

保存方法

將製作完成的照燒醬趁熱放入玻璃
瓶內，蓋上瓶蓋，等完成冷卻後放
入冰箱，可以冷藏1個月

照燒醬的應用

● 薑汁照燒豬肉 --- 將里肌肉片用薑
泥、照燒醬醃漬後，再放入鍋中
煎熟，即可

● 照燒甜不辣 --- 將切片的油豆腐、
甜不辣放入鍋中炒熟後，加入照燒
醬與蔥段翻炒均勻，即可
● 照燒豆腐 --- 將豆腐煎至微焦，
再淋入照燒醬，即可
● 高麗菜燒肉 --- 將肉片用照燒醬醃
漬後，先入鍋炒，再放入高麗菜
炒熟，即可
● 照燒醬炒烏龍麵 --- 將喜愛的配料
與烏龍麵炒熟後，再加入照燒醬調
味，即可

4人份 ｜ **準備 15分鐘** ｜ **烹煮 10分鐘**

照燒漢堡肉

漢堡肉除了可當做漢堡、三明治的夾餡之外，也可以單獨做成主菜。在漢堡肉中加入海帶芽或是壓成泥狀的豆腐，不只能降低漢堡肉排的熱量與油脂，還能增加豐富的口感喔。

材料

豬絞肉	400g
洋蔥	1/2個 (約100g)
乾海帶芽	6g
麵包粉	6大匙
雞蛋	1個
蔥花	1大匙
白蘿蔔泥	2大匙
照燒醬	3大匙

調味料

牛奶	2大匙
豆蔻粉	少許
胡椒粉	少許
鹽	1/5小匙

做法

1. 將海帶芽泡軟後，撈起擠去水份並切碎，備用
2. 洋蔥切碎後用1小匙的油清炒至半透明，盛起放涼，備用
3. 將豬絞肉、海帶芽、熟洋蔥碎丁、麵包粉、雞蛋、以及所有調味料，放入大盆中，以同一方向攪拌均勻，再將整糰肉餡拿起往大盆裡摔打約1分鐘，使其增加彈性
4. 將肉餡均分成4等份，用手將每一份肉餡塑成圓球後，再用手掌壓扁成圓餅狀，備用
5. 熱一鍋，放入適量的油，放入做法4的肉餅以中小火煎熟後，淋入照燒醬煮至收汁，再盛於盤中，放上適量擠去水份的白蘿蔔泥，撒上少許蔥花，即完成

 小小米桶的貼心建議

- 漢堡肉排中的洋蔥，事先炒過會比用生洋蔥來的香
- 可以將豆腐壓成泥狀，代替一半份量的豬絞肉，既健康又可降低熱量喔
- 漢堡肉排可以一次多做些，只要將塑好型的生漢堡肉，用保鮮膜各別保裹好，並放入冷凍庫冰凍保存，即可

配色漂亮的照燒牛肉卷很適合拿來當做宴客菜，初嘗一口甜鹹滋味，慢慢咀嚼後，牛肉香伴隨著爽口蘆筍充滿於口中，多層次的豐富口感，讓人忍不住一口接著一口。

✱ 小小米桶的貼心建議

- 牛肉可以換成豬肉薄片，蘆筍也可以四季豆小黃瓜替代
- 牛肉片用刀背輕敲幾下讓肉筋敲斷，肉質會更軟嫩好吃，或是選用帶油花的肥牛肉片
- 牛肉片至少要將蘆筍與紅蘿蔔捲過2圈(千萬不可只捲一圈)這樣在煎的時候，就不容易因為牛肉遇熱縮小，而無法完全包裹住蘆筍與紅蘿蔔囉
- 可以將牛肉卷的黏合處用牙籤插入固定，再放入鍋中煎熟這樣就不怕牛肉卷散開來囉

| 4人份 | 準備 15分鐘 | 烹煮 10分鐘 |

照燒牛肉卷

材料

牛肉薄片	6片
蘆筍	6～12支
紅蘿蔔	1根
鹽	少許
胡椒粉	少許
太白粉	適量
照燒醬	4大匙

做法

1 蘆筍洗淨，切成長度跟牛肉片寬度差不多的段長；將紅蘿蔔洗淨去皮後切成12條跟蘆筍相同粗細的長條狀；再將蘆筍與紅蘿蔔放入滾水中汆燙至軟化，撈起瀝乾備用

2 取一片牛肉薄片攤平，撒上少許鹽、白胡椒粉、太白粉，放上做法1的蘆筍2支與紅蘿蔔2支，捲成肉捲，重複此動作至材料用畢

3 熱一平底鍋，倒入適量沙拉油燒熱後，放入做法2的牛肉卷以小火煎至熟，淋入照燒醬煮至收汁，再將牛肉卷取出切成適當的大小擺盤，即完成

4人份　準備5分鐘　烹煮10分鐘

照燒鮭魚

以前我不愛吃鮭魚，總覺得鮭魚的油脂多，吃起來容易產生腥味，可是自從我吃過用照燒醬烹煮的鮭魚後，變深深的愛上鮭魚了。吃膩了乾煎的鮭魚嗎？試試這道甜鹹下飯的照燒鮭魚吧！

材料

鮭魚 300g
紅甜椒 1/4個
黃甜椒 1/4個
蔥白 2根
薑 2片
照燒醬 3大匙

醃料

米酒 1大匙
胡椒粉 ....少許

做法

1 將鮭魚切成4片後，抹上米酒與少許胡椒粉，備用；紅甜椒、黃甜椒洗淨切條狀；蔥白洗淨切成3公分段長，備用

2 熱一平底鍋，倒入少許的油燒熱，放入做法1的紅甜椒、黃甜椒、蔥白，炒出香味後撒上少許鹽，盛於盤中，備用

3 再以原鍋，倒入適量油燒熱，放入薑片爆出香味後，放入做法1的鮭魚片煎約7～8分熟後，淋入照燒醬煮至收汁，再盛入擺有紅甜椒、黃甜椒、蔥白的盤中，即完成

✳ 小小米桶的貼心建議
● 也可以將鮭魚先用照燒醬醃約10分鐘後，再放入鍋中煎熟喔
● 鮭魚可以替換成其它的魚類

照燒雞腿

 4人份　 準備 5分鐘　 烹煮 10分鐘

對於照燒料理我第一次接觸的就是照燒雞腿了，它可是我的最愛！煎的外焦裡嫩的雞腿肉，再搭配上濃郁的照燒醬，每咬一口雞肉就流出甜鹹的醬汁，是一道很下飯的日式家常料理。

材料

去骨雞腿 4隻
照燒醬 4大匙

做法

1 去骨雞腿肉洗淨後擦乾水份，在肉厚處及筋部用刀劃幾下，備用

2 取一平底鍋用小火燒熱(無需加油)，將雞肉以雞皮朝下的方式，放入鍋中煎至兩面呈金黃色後，取出多餘的油脂，再加入照燒醬汁煮至收汁，即完成

✳ 小小米桶的貼心建議

● 在雞肉厚處及筋部用刀劃幾下，可使雞肉較易煮熟，並防止雞肉縮捲

● 雞皮的油脂非常多，所以煎的時候，只要將雞肉上的水份擦乾，以不加油的方式，將雞皮朝下放入鍋中，就可以將雞皮的油脂逼出

● 除了用雞肉也能用豬肉片喔

照燒醬中卷

材料

中卷 .... 1尾　　薑 2片
照燒醬 .... 2大匙　　白芝麻 .... 少許

做法

1 將中卷頭鬚取出、內臟清除後洗淨，用廚房紙巾將水份擦拭乾淨，並用剪刀在中卷身體部份左右對稱各剪開10刀，備用

2 取一平底鍋燒熱，加入1大匙的油，先將薑片爆出香味後，放入做法1的中卷煎約1～2分鐘，翻面續煎1分鐘，再翻回正面淋入照燒醬煮至收汁，盛於盤中，撒上白芝麻，即完成

鹹、甜、香的日式照燒醬汁深受嗜甜重口味的國人喜愛，比如這道照燒中卷，醬燒的滋味搭配Q度十足的中卷，口感嫩中帶脆，味道豐富的讓人不願停下筷子。

> ✳ 小小米桶的貼心建議
> ● 中卷很容易熟，所以勿煎過久讓肉質過韌，如橡皮筋一樣的口感就不好囉
> ● 建議可以準備一支廚房專用剪刀，在食材上的處理更方便、更得心應手喔！比如：本食譜中的中卷，或是烹煮蝦子之前用剪刀將蝦嘴與蝦腳去除

Kitchen Blog

新手也能醬料變佳餚90道：小小米桶的寫食廚房

15種基本醬料變化75道美味料理

作者　吳美玲

出版者／出版菊文化事業有限公司　P.C. Publishing Co.

發行人　趙天德

總編輯　車東蔚

文案編輯　編輯部　美術編輯　R.C. Work Shop

攝影　吳美玲

台北市雨聲街77號1樓

TEL：(02)2838-7996　　FAX：(02)2836-0028

法律顧問　劉陽明律師　名陽法律事務所

初版一刷　2009年7月　定價　新台幣280元

ISBN-13：978-957-0452-94-5　　書　號　K01

讀者專線　(02)2836-0069

www.ecook.com.tw

E-mail　service@ecook.com.tw

劃撥帳號　19260956 大境文化事業有限公司

新手也能醬料變佳餚90道---小小米桶的寫食廚房

15種基本醬料變化75道美味料理　吳美玲　著

初版. 臺北市：出版菊文化，2009[民98]

112面；19×26公分. ----(Kitchen Blog系列：01)

ISBN-13：9789570452945

1.調味品　2.食譜

427.61　　　　98007394

Tefal 法國特福

法國特福
『廚之寶紅莓不沾鍋』
免費送

為了讓您下廚料理更輕鬆，我們準備了價值$990元的Tefal「特福廚之寶紅莓不沾鍋」（24cm）共12組，要送給幸運的讀者！

只要剪下下頁回函（影印無效），免貼郵票寄回，98年8月14日將抽獎揭曉！

（幸運中獎讀者將以電話個別通知，名單公佈於出版菊文化部落格與小小米桶寫食廚房）

小小米桶特別挑選的
實用不沾鍋，
市價$990元送給您

沿 虛 線 剪 下 ✂

新手也能醬料變佳餚90道：小小米桶的寫食廚房

請您填妥以下回函，免貼郵票投郵寄回，除了讓我們更了解您的需求外，
更可獲得大境文化&出版菊文化一年一度會員獨享購書優惠！

1. 姓名：
   姓名：□男 □女　年齡：___　教育程度：___　職業：___
   連絡地址：□□□
   傳真：___　電子信箱：___
   ___縣市　___書店量販店

2. 您從何處購買此書？
   □書展　□郵購　□網路　□其他

3. 您從何處得知本書的出版？
   □書店　□報紙　□雜誌　□書訊　□電視　□廣播　□網路
   □親朋好友　□其他

4. 您購買本書的原因？（可複選）
   □對主題有興趣　□生活上的需要　□工作上的需要　□出版社　□作者
   □價格合理（如果不合理，您覺得合理價錢應為 $___）
   □除了食譜以外，還有許多豐富實用的資訊
   □版面編排　□拍照風格　□其他

5. 您經常購買哪類主題的食譜書？（可複選）
   □中菜　□中式點心　□西點　□歐美料理　□亞洲料理（請舉例___）
   □日本料理　□亞洲料理　□醫療飲食　□療癒飲食（請舉例___）
   □飲料冰品　□飲食文化　□烹飪問答集　□其他

6. 什麼是您決定是否購買食譜書的主要原因？（可複選）
   □主題　□價格　□作者　□設計編排　□其他

7. 您最喜歡的食譜書作者/老師？為什麼？

8. 您曾購買的食譜書有哪些？

9. 您希望我們未來出版何種主題的食譜書？

10. 您認為本書尚須改進之處？以及您對我們的建議？

大境文化信用卡訂書單

請放大影印後傳真

傳真專線：(02) 2836-0028

持卡人姓名：

生　日：　　年　　月　　日

身份證字號：□□□□□□□□□□

性別：□男 □女

聯絡電話：(日)　　　　　(夜)　　　　　(手機)

e-mail：

訂　購　書　名	數量（本）	金額

訂書金額：NT$

總訂購金額：NT$　　　仟　　　佰　　　拾　　　元整
（請用大寫）

＋郵資：NT$80(2本以上可免)＝NT$

通訊地址：□□□

寄書地址：□□□

發卡銀行：

信用卡別：□ VISA　□ Master　□ 聯合卡　□ JCB

信用卡號：□□□□-□□□□-□□□□-□□□□

信用卡反面　後3碼：□□□

有效期限：　　月　　　年

授權碼：
（免填寫）

商店代號：
（免填寫）

持卡人簽名：
（與信用卡一致）

發票：□二聯式　□三聯式

發票抬頭：

統一編號：□□□□□□□□

填單日期：　　年　　月　　日

另有劃撥帳號可購書／19260956 大境文化事業有限公司

我們將盡速以掛號寄書，進度查詢專線：(02) 2836-0069 趙小姐

沿 虛 線 剪 下

台北郵政 73-196 號信箱

大境（出版菊）文化　　收

姓名：　　　　　電話：

地址：